# 数学文化在数学课堂的传播途径与理论研究

代丽丽 ◎ 著

吉林出版集团股份有限公司

图书在版编目（CIP）数据

数学文化在数学课堂的传播途径与理论研究 / 代丽丽著. — 长春 : 吉林出版集团股份有限公司, 2021.7

ISBN 978-7-5731-0524-0

Ⅰ. ①数… Ⅱ. ①代… Ⅲ. ①高等数学－教学研究－高等学校 Ⅳ. ①013

中国版本图书馆 CIP 数据核字 (2021) 第 219955 号

数学文化在数学课堂的传播途径与理论研究

著　　者　代丽丽
责任编辑　陈瑞瑞
封面设计　林　吉
开　　本　787mm×1092mm　1/16
字　　数　250 千
印　　张　11.25
版　　次　2021 年 12 月第 1 版
印　　次　2021 年 12 月第 1 次印刷

出版发行　吉林出版集团股份有限公司
电　　话　总编办：010-63109269
　　　　　发行部：010-63109269
印　　刷　北京宝莲鸿图科技有限公司

ISBN 978-7-5731-0524-0　　定价：88.00 元

# 前　言

中国有着五千年的文明历史，孕育了光辉灿烂的数学文化，在漫长的数学发展史上有许许多多的重要事件、伟大人物与传世之作。在数学教学中，教师若能把这些独有的宝贵资源运用到课堂上，必然能使学生了解数学产生的过程，体会到数学对人类文明发展的作用。

数学是人类文明的重要基础。它的产生和发展伴随着人类文明的进程，具有举足轻重的地位。长期以来，我国数学教育注重数学知识的学习及技能的训练，重视数学结果的推理演绎，同时过于强调知识的逻辑性和严密性，轻视了数学作为学生终身学习所需的知识储备而具有的特殊作用，在数学教学中缺少对学生的文化教育。数学应该作为一种文化走进中小学数学课堂，渗入实际数学教学中，使学生在学习数学的过程中真正感受到文化的渲染，从而产生文化共鸣。

本书主要研究数学文化在数学课堂的传播途径与理论，首先分析了数学与数学文化的基本内容，其次阐述了数学文化的理论观念、数学教育与数学文化、经典数学问题中的数学文化，再次探讨了中学数学课堂理论、数学文化在中小学数学课堂的传播、课程思政背景下数学文化的传播与作用，最后对数学文化在大学数学课堂的传播进行分析和研究。

本书在写作和修改过程中，查阅和引用了书籍以及期刊等相关资料，在此谨向本书所引用资料的作者表示诚挚的感谢。由于水平有限，书中难免出现纰漏，恳请读者同人和专家学者批评指正。

作　者

2021 年 3 月

# 目　录

# 第一章　数学与数学文化

## 第一节　数学的内容与特点

### 一、数学的内容

数学源于人类早期的生产活动，古希腊、古巴比伦、古埃及、古印度及古代中国都对数学有所研究。数学是研究数量、结构、变化以及空间模型等内容的一门科学。它通过对抽象化和逻辑推理的运用，在计数、计算、量度和对物体形状及运动的观察中产生。

数学可以分成两大类，一类叫纯粹数学，另一类叫应用数学。纯粹数学也叫基础数学，专门研究数学本身的内部规律。中小学课本里介绍的代数、几何、微积分、概率论知识，都属于纯粹数学。

纯粹数学的一个显著特点，就是暂时撇开具体内容，以纯粹形式研究事物的数量关系和空间形式。例如研究梯形的面积计算公式时，它是梯形稻田的面积，还是梯形机械零件的面积，都无关紧要，大家关心的只是蕴含在这种几何图形中的数量关系。

应用数学则是一个庞大的系统，有人说，它是我们的全部知识中所有能用数学语言来表示的那一部分。应用数学着眼于说明自然现象，解决实际问题，是纯粹数学与科学技术之间的桥梁。大家常说现在是信息社会，专门研究信息的“信息论”，就是应用数学中一门重要的分支学科。

数学，从科学定义的概念解释，作为人类思维的表达形式，反映了人们积极进取的意志、缜密周详的推理及对完美境界的追求。它的基本要素是逻辑和直观、分析和推理、共性和个性。人们在研究、学习、应用中可以强调不同的方面，然而正是这些互相对立的力量的相互作用以及它们的综合，构成了数学科学的生命力、可用性和崇高价值。

### 二、数学的特点

数学作为一种量化模式，显然是描述客观世界的，相对于认识主题而言，数学具有客观性，但数学终究不是物质世界的客观存在，而是抽象思维的产物。数学是一种约定的规则系统，为了描述客观世界，数学家总在发明新的描述形式。

## （一）高度的抽象性

数学的内容是非常现实的，它仅从数量关系和空间形式或者一般结构方面来反映客观现实，舍弃了与此无关的其他一切性质，表现出高度抽象的特点。数字“1”可以代表万事万物，也可以就是符号“1”，在数学中可参与定义、推理、运算。如抛物线 $y=kx^2$ 可以作为很多运动的“理想轨迹”。数学本身是借助抽象建立起来并不断发展的，数学语言的符号化和形式化的程度，是任何学科都无法比拟的，它给人们学习和交流数学以及探索、发现新数学问题提供了很大方便。虽然抽象性并非数学所特有的，但就其形式来讲，数学的抽象性表现为多层次、符号化、形式化，这正是数学抽象性区别于其他科学抽象性的特征。因此，培养人的抽象能力就自然成为数学课程目标之一。

## （二）严谨的逻辑性

数学的对象是形式化的思想材料，它的结论是否正确，一般不能像物理等学科那样借助于可以重复的实验来检验，而主要靠严格的逻辑推理来证明；而且一旦由推理证明了结论，那么这个结论就是正确的。数学中的公理化方法实质上就是逻辑方法在数学中的直接应用。在数学公理系统中，所有命题与命题之间都是由严谨的逻辑性联系起来的。它从不加定义而直接采用的原始概念出发，通过逻辑定义的手段逐步建立起其他的派生概念，由不加证明而直接采用作为前提的公理出发，借助于逻辑演绎手段而逐步得出进一步的结论，即定理；然后再将所有概念和定理组成一个具有内在逻辑联系的整体，即构成了公理系统。一个数学问题的解决，一方面要符合数学规律，另一方面要合乎逻辑，问题的解决过程必须步步为营，言必有据，进行严谨的逻辑推理和论证。因此，培养学生的分析、综合、概括、推理、论证等逻辑思维能力也是数学课程目标之一。

## （三）应用的广泛性

人们的日常生活、工作、生产劳动和科学研究以及自然科学的各个学科都要用到数学知识，这是人所共知的。随着现代科学技术的突飞猛进和发展，数学更是成了必不可少的重要工具。每门学科的研究中，定性研究最终要化归为定量研究来进行，数学恰好解决了每门学科在纯粹的量的方面的问题，每门学科的定量研究都离不开数学。当今，数学更多地渗入其他学科，影响其他学科的发展，甚至人们认为当一门学科引入了数学时，就标志着该学科开始成熟起来。

## （四）内涵的辩证性

数学包含着丰富的辩证唯物主义思想，揭示了唯物辩证法的许多基本规律。数学本身的产生和发展就说明客观物质的产生需要这样的唯物主义观点。数学的内容充满了相互联系、运动变化、对立统一、量变到质变等辩证法的基本规律。例如，正数和负数、常量与变量、必然与随机、近似与精确、收敛与发散、有限与无限等等，它们都互为存在的前提，失去一方，另一方将不复存在，而且在一定条件下可以相互转化。数学方法也体现了辩证性。例如，数学中的极限方法就是为了研究和解决数学中“直与曲”“有限与无限”“均匀与非均匀”等矛盾问题而产生的，这就决定了极限方法的辩证性。数学发展过程也充满了辩证性。数学史上三次数学危机的产生和解决过程，就给了我们深刻的启示。在数学学习中，充分认识蕴含在数学中的诸多辩证法内容，是树立辩证唯物主义观念、形成正确数学观的好方式。

## 第二节　文化的内涵与特征

### 一、文化的含义

谈到数学文化，就涉及一个如何界定文化的问题，虽然这个问题颇棘手，但它是本书不可或缺的内容。文化，是一个内涵丰富、外延广泛、意义宏大的词语。英语中“文化”一词源于拉丁语，其本意为耕耘、培育等；后衍生为“耕耘智慧”“精神耕耘”“智力培育”等。在西方社会，当代人将“文化”宽泛地定义为包括人类创造的一切精神与物质财富；而民众的通俗用语中，将简单的学习识字叫作学文化，或将一般知识水准叫作文化水平等。在中国古代，文化的本义是指“以文化人”，即使用非武力的方式来征服、教化民众。而激化之滥觞，则始于神农、黄帝教民用火熟食、种植谷物，进而识数、知阴阳。这与拉丁语的（文化）相通，其所指“耕作、修理、收拾、修整”，兼具教养与养殖栽培两义，体现出世界各古文明地区同以“农业”为教养之始、人兽之界的观点。

文化似乎是一个无法定义的原始概念。大家都在使用这个词汇，却并没有就其准确的含义达成一致。在本质上，文化是一种传统与历史积淀的东西，是一种思想惯性的产物，是某个社会集团共同拥有的“集体性”的观念、思维和行为方式。某种文化的特征在于其有别于其他文化的独特的符号系统。从这个意义上讲，是差异与不同造就了文化。也是在不同之中，文化响起了兴盛的号角或落下衰亡的帷幕。

文化本身无对与错、好与坏的固有属性。但在文化比较中，在具体的历史境遇中，不同文化会显现其在实践效果中的优与劣。比如两种文化相遇时，一种文化被另一种文化同化。因此，文化也可以按照某种标准划分，比如科学文化与人文文化；先进文化和落后文化、物质文化和精神文化。

自20世纪以来，特别是第二次世界大战以来，文化一直是世界范围内探讨的热门话题，许多研究者从自己所属学科的研究对象出发，对文化的定义提出了各自的界说。文化的概念众说纷纭，可以从不同的视角和维度来建构，总体来说有狭义和广义之分。狭义的文化即观念的文化，是由某种知识、规范、行为准则、价值观等人们精神或观念中的存在构成，是某一人群所共享的、社会传承下来的知识和意义的公共符号体系的理论共识；广义的文化是人们对文化现象最为抽象、最为一般的规定，即文化是与自然相对的概念，它是人类在社会活动（非遗传、非本能的）中创造并保存的内容总和。英国人类学家泰勒（E.B.Tylor，1832—1917）在《原始文化》一书中曾给出文化的经典性定义："文化，乃是包括知识、信仰、艺术、道德、习俗和人所获得的能力和习惯在内的复杂整体。（1992）"在现代人类文化学的研究中，关于文化的一个较为流行的定义是："这是指由某种因素（居住地域、民族性、职业等）联系起来的各个群体所特有的行为、观念和态度等，也即是指各个群体所特有的生活（行为）方式。（郑毓信等，2000）"1952年，美国人类学家克鲁伯（A.L.Kroeber）和克拉克洪（C.Kluckhohn）在他们的合著中说，从1871年到1951年的80年间，关于文化的定义就有160余种，他们还将这些定义归纳为如下六种类型（A.L.Kroeberetal.，1952）：

（1）描述性定义。认为文化是包括知识、信仰、艺术、道德、法律及习俗等的复杂整体。

（2）历史性定义。认为文化是人类一代又一代相传、积累而成的社会性遗产的总和。

（3）规范性定义。认为文化是一种生活和行为方式，提供模型、风格和准则。

（4）心理性定义。认为文化是一种学习过程。学习对象包括传统的谋生方式和反应方式，以其有效性而为社会成员所普遍接受。

（5）结构性定义。认为文化是概括各种外显或内隐行为模式的概念。文化的基本内核来自传统，其中价值观念最为重要。文化是人类的创造物，它又是制约、限制人类活动的重要因素。

（6）遗传性定义。主要关心文化的来源、存在及其继续生存的原因等。

在此基础上提出了他们的文化定义：文化是由外显的和内隐的行为模式构成；这种行为模式通过象征符号而获得和传递；文化代表了人类群体的显著成就，包括它们在人造器物中的体现；文化的核心部分是传统（历史地获得和选择的）观念，尤其是它们所拥有的价值；文化体系一方面可以看作是活动的产物，另一方面则是进一步活动的决定因素。（傅铿，1990）这一综合定义为许多西方学者所认可，具有广泛影响。

目前有关文化的定义已有三百余种。文化一词的复杂多义，使得一些人对界说文化丧失了信心，认为"企图或者声称给文化概念确定范围是徒然的""要想建立一个适用于任何地方的任何事例，并能解释它的过去与预测未来的概括性结论是徒劳的"。但是，没有概念，就没有科学研究，只有确定了文化质的规定性，才能确定文化学及其分支学科的研究范围，并依次定义其他一系列概念。由于文化概念的形成以人类活动本身为基础，各个国家、各个民族、各个时期的文化特征表现各异，人们对文化的内涵和外延存在着不同的理解，因而对文化的定义就不尽相同。但他们的论述都与各人所处的文化环境、所从事的文化实践和分析的文化事实交织在一起，是从不同角度和不同层面对界定文化所进行的探讨，大多共同揭示出了文化的如下特征（郑金洲，2000）。

文化为人类所特有。无论是文化概念产生以前有关文化的思想，还是近代以后的诸多文化理论，几乎都把文化看作人类特有的现象，把它看作人区别于动物的主要标志。

文化是人后天习得和创造的。文化并非与生俱来，得之于天，它是人在后天社会环境中经由学习和创造而得来的，并且主要是"一定社会形态下的自由的精神产物"。

文化为一定社会群体所共有。某一个体后天习得和创造的思想、观念等，只有在他人也接受后，才能称之为文化。换言之，文化是"类的存在物"，是人类"类"的生活的结果。

文化是复杂的整合体。自从泰勒最先提出"文化或文明是一个复杂的整体"这一定义后（Tylor，1992），虽然后来的社会学家、人类学家对此有所修正，但并未超出把文化看成是一个复杂的整体的基本观念。文化固然包含众多的不同形态的类别，然而它们并非杂乱无章的集合，就整体而言，是互相整合为一的。

在中国现代史上一些有影响的学者如梁漱溟、钱穆、蔡元培、梁启超、胡适等对文化的概念也有过各自的解释。梁漱溟说："你且看文化是什么东西呢？不过是那一民族的生活样式罢了。文化，就是吾人生活依靠的一切。（1996）"他和钱穆的说法相似。钱穆认为："文化必由人类生活开始，没有人生，就没有文化。文化即是人类生活之大整体，汇集起人类生活之全体即是文化。（1963）"蔡元培说："文化是人生发展的状况。"胡适说："文明是一个民族应付他的环境的总成绩，文化是一种文明所形成的生活方式。（方延明，2001）"

张岱年与程宜山给文化的定义则更为全面。他们认为，"文化是人类在处理人与人世界关系中所采取的精神活动与实践活动的方式及其所创造出来的物质和精神成果的总和，是生活方式与活动成果的辩证统一。（1990）"

我国权威辞书《辞海》对文化概念的解释是：文化从广义来说，指人类社会历史实践过程中所创造的物质财富和精神财富的总和；狭义来说，指社会的意识形态，以及与之相适应的制度和组织机构（1980）。

对于文化的研究可以从不同学科、不同层次、不同视角去考察、归纳，因而在近几十年的文化研究中，对文化概念的解释仍在不断地增加。由此可见，对文化概念的准确定义是困难的，但以上简要的阐述使我们对文化的定义有了初步的了解。文化学研究的历史表明，文化是人类社会最复杂的现象之一，对文化的理解存在着多样性和复杂性。但是其中也有共识：第一，文化具有人化的特征，是人在现实生活中创造的，具有一定的主观性、多元性和历史继承性。第二，文化是一个庞大的系统，它不是上述各种定义中各个文化层面、文化要素的简单拼合，而是一个和谐有机的整体，存在其特有的核心——传统观念，尤其是价值系统。第三，文化作为一个系统，有其构成要素，且不同的文化观对应不同的文化要素。

那么，究竟如何理解文化概念的基本含义呢？笔者认为可以从文化特征、文化系统、文化要素三个方面来理解。诸如，文化具有人化的特征、文化是一个庞大的系统、文化由若干要素构成。美国人类学家怀特（L.A.White，1900—1975）就认为任何一种文化都有三个方面的要素或三个不同的层次：

（1）文化的心理要素，也是文化的精神观念层面，一般称为精神文化，它包括思维方式、思想观念、科学意识等。

（2）文化的行为要素，也是文化的行为方式层面，一般称为行为文化，它包括规范、风俗、习惯、生活制度等。

（3）文化的物质要素，也是文化的实体层面，一般称为物质文化，它包括各种生产工具、生活用具，以及其他物质产品（1998）。

综上，文化从广义上说是人类一切物质和精神的积淀，其中包括衣食住行等一系列可见的存在。但文化中更为复杂而且具有决定作用的部分则在它的深层，即观念、理想、信仰、价值、假说和思维方式等蕴含的成分，这些成分不仅指导着人的行为，而且影响着人的世界观。

## 二、数学与文化

就是读完了大学数学系四年课程的学生，也未必能够了解数学与文化之间的关系，因为“千锤百炼”的数学教科书早已割断了数学与历史、数学与文化的血脉联系。数学家柯朗在《数学是什么》一书的序言中指出，数学教学有时竟演变成空洞的解题训练。这种训练虽然可以提高形式推导的能力，却不能导致真正的理解与深入的独立思考。数学研究已出现一种过分专门化和强调抽象的趋势，忽视了数学的应用以及与其他领域之间的联系（Counmt，2005）。西南大学张广祥的《高师学生数学文化背景状况调查与分析》也反映出目前高师院校学生对数学与文化的认识比较模糊，相关知识比较贫乏。①

数学与文化有着密切的关系，彼此之间的相互影响促进数学的发展（陈桂正，1999）。随着数学的深入发展，特别是数学哲学研究的深入，人们越来越认识到，数学的发展与人类文化休戚相关。数学一直是人类文明主要的文化力量，同时人类文化发展又极大地影响了数学的进步。1981 年，美国数学家怀尔德从数学人类学的角度提出了“数学种文化体系”的数学哲学观，他的代表作《作为一种文化体系的数学》，有人给予的评价甚高，认为怀尔德关于数学是一种文化体系的观点，是自 1931 年以来出现的第一个成熟的数学哲学观。

### （一）数学对文化的影响

数学与文化的研究，一个主要的研究方面就是探讨数学对人类文化的影响，通过这种研究，可以充分显示数学是人类文化的有机组成部分，作为人类智慧的最高产物，它对人类文化具有重大的作用。因此，在人类文化中，我们应该对数学给予充分的重视。

① 张广祥.高师学生数学文化背景状况调查与分析[J].西南师范大学学报（自然科学版），2004（3）.

数学发展史与人类发展史表明，数学一直是人类文明中主要的文化力量，且在不同时代、不同文化中，这种力量的大小有所变化。纵观西欧古代文明，不难发现：正是由于古希腊强调严密推理的、追求理想与美的数学高度发达，才使得“希腊人永远是我们的老师”，才使得古希腊具有优美的文学、极端理性化的哲学、理想化的建筑与雕刻，才使得古希腊社会具有现代社会的一切胚胎。也正是由于轻视数学的创造力，才使得罗马民族缺乏真正的独创精神。的确，罗马人能够建造宏伟的凯旋门，但罗马文化却只是外来文化。中世纪西方数学沉寂了、衰落了，中世纪的文化也黯然失色。文艺复兴以绘画艺术作为西方文化解放的先声，而绘画艺术新风格的产生、发展则与射影几何紧密相关。有人甚至把欧洲文艺复兴在文化上归结为是希腊数学精神的复兴。

中国古代数学亦对中国传统文化的发展起了十分重要的作用。考察几何学在中国的发展，“规矩”起着基本的作用。“规矩”这个词，是由“规”和“矩”复合而成的。其中的“规”是中国古时候的圆规，用来画圆；“矩”是中国古时候的角尺，用来画直线图形“规矩”的形状。

“礼数”在中国文化中被视为“规矩”，有所谓“没有规矩，不成方圆”。中国人已用数学规律（用规矩画方圆）来形容和描述政治、社会的运行，中国传统数学的某些特征已融于文化之中。数学在中国传统文化中的作用，最大的莫过于一套有关数字崇拜的体系，这种体系时至今日仍深深地扎根于中国人的日常生活之中，俞晓群对此曾做过深入研究。

中国是数学发祥地之一。中国古代数学的杰出代表作《九章算术》，就曾对中国文化的发展起了很大的推动作用。李文林认为，以《九章算术》为代表的中国古代数学代表了数学中两种重要倾向的一种——归纳倾向（另一种倾向就是古希腊的演绎数学）（1986）。“天、算、农、医”四大学科中，数学中即以《九章算术》作为重要代表。同时，在与亚洲、阿拉伯世界的文化交流中，《九章算术》也作为中国文化的重要成就而受到广泛关注。在当今世界，国际学术界都将《九章算术》视为中国古代文化的瑰宝。可惜的是，这种作用在相当长的时间中为人们所忽视。随着世界范围内对中国科技史研究水平的提高，这种状况已有所改观。英国近代生物化学家和科学技术史专家李约瑟（J.Needham，1900—1995）在其著作《中国的科学与文明》中就恰当地评价了中国古代数学对中华文明的影响：“我们在评价中国人在各门科学技术的贡献时，首先从数学入手应该是适当的。（1978）”

梁漱溟在文化史的意义上，曾对西方、中国、印度的文化进行了比较。他认为，西方文化是直觉运用理智；中国文化是理智运用直觉；印度文化是理智运用现量。他还从宗教、哲学的层次用表格的方法比较了三种文化的差异。从梁漱溟的比较中，我们可以看出所谓西方人“直觉运用理智”以及知识“当其盛时，掩盖一切，为哲学之中心问题”的表象之后，实际真正起潜在作用的是数学价值观念在文化传统中形成的习惯势力。相比之下，没有这种数学习惯意识的中国文化就只能是“理智运用直觉”，并且对知识问题（实际上梁漱溟指出的这种现象是构造性的知识结构，而不是知识的零散自然存在的现象）也只能是

“绝少注意，几可以说没有”。①

数学历来是人类文化极其重要的组成部分，曾对许多文化产生过深刻的影响。何柏生考察法律文化后发现，数学对它的影响是巨大的。无论是历史上的法律还是现实中的法律，都可发现数学留下的烙印。数学的特性和认识功能决定了数学不可避免地会对法律文化产生影响。数学对法律文化的影响分为三个历史时期。数学方法、数学观念、数学精神都对法律文化产生过重要影响。数学为法律科学提供了一套科学的知识体系，开辟了新的研究领域，促进了法律知识的增长和法律文化的进步（2000）。

孟庆云考察我国中医学的发展后发现，数学对它的影响也是巨大的。数学对中医学的影响主要有以下几方面：（1）用数学模型构建中医学理论。古代医学家坚信数的规律也是生命活动的规律，把某些数学模型应用为人体模型。例如，用有群论特征的五行模型作为人与自然五大系统的稳态特征，用有集合论特征的六经模型来概括时序和热病关系的症候。《内经》将五行用于表述脏腑关系和特征，建立了五行脏象论；《伤寒论》把六经用于阐述热病按病序演变的六种类型的六经辨证。此外。在《灵枢·九宫八风》篇中，还有八卦数学模型的八卦脏象等。（2）提出生命是时间函数的科学命题。我国古代思想家很早就认识到生命存在的基本形式是空间和时间。《老子》称人为“神器”，由“神”和“器”两者构成。“神”是形而上者能变化妙用的生命机能，“神”体现于时间结构和功能。“器”则是形而下者的形体，包括器官、骨骼、肌肉、肢节等，是人体的空间结构。我国医学重神而疏器，生命机能称为“神机”，对医生的评价也有“粗守形，上守神”的尺度，把主宰思维并统率全身生命活动的作用称为“神明”。由于对“神”的重视，提出了生命是时间函数的命题。《内经》多次强调“神转不回，回则不转”，恽铁樵称此语为《内经》全书的关键。《内经》进一步又提出“化不可待，时不可违”的生命不可逆的特征。和西医学重视人体空间结构相比，中医学重视人体的时间结构，重视生命的过程、节律和节奏，有“脏气法时”等论述，这是中医学对生命本质的揭示。（3）中医辩证论治讲究“套路”，按套路逐步解决复杂的难治之病，其思维方法和传统数学的解方程的思维是一致的。中国古代数学家很早就以问题为中心，用解方程的方法解决应用问题，西汉时即有《九章算术》问世，将几何问题代数化。东汉张仲景在《金匮要略》中，对于“咳逆倚息不得卧”的支饮，就是分步骤，先后使用小青龙汤、茯苓桂枝五味甘草汤、苓甘五味姜辛汤，再用半夏，再加杏仁，再加大黄等六步成为一个套路，分别解决不得卧、冲气、喘满、眩冒、水肿和面热如醉的戴阳证的。可见，中医临床辩证论治的思维方式与中国古代数学思维方式是一致的。②

在人类文化的发展中，数学还不同程度地影响了许多哲学思想的方向和内容，就西方文化传统而论，这种痕迹尤为明显。在公元前775年前后，古希腊从米利都（Miletus）城开始将原来的象形文字改换为腓尼基字母，那时候由于还没有独立的数字符号，字母既用

① 王宪昌，刘鹏飞，耿鑫彪编著．数学文化概论 [M]. 北京：科学出版社，2010.

② 孟庆云．“小学数学教学方式生活化”初试 [J]. 科教探索，2008（12）.

来组成文字，又代表了一个具体数字，从而形成了一种数字与文字相结合的文化现象，这种现象在古希腊文化中到处可见。例如，希腊史诗《伊利亚特》中的三位英雄：帕特洛克罗斯（Patraclus）、赫克托尔（Hector）、阿基里斯（Achilles），他们的名字分别对应着87、1225和1276，于是按照测字术的规律，具有最大数值的阿基里斯必然获得最后的胜利。而古希腊数学家与哲学家毕达哥拉斯（Pythagoras，前572—前497）学派的神秘数学宗教哲学，则是这种人类原始思维中数学神秘性的继承与发展。毕达哥拉斯学派的"万物皆数"宇宙观正是数学在宗教、哲学层次运用的产物，结果使古希腊文化逐渐具有一种深层的数学结构。同时，数学也由一种思维操作系统转变为一种宗教、哲学的解释系统。古希腊文化的主导层中开始形成一种数学的思维操作与宗教、哲学解释功能相结合的形式。[①] 其实，受其影响最大的还是古希腊哲学家柏拉图（Plato，前430—前349）。柏拉图认为，数学是以独立的实体形式存在于"理念王国"之中，人们只有通过数学才能领悟到世界的真谛。

始于毕达哥拉斯学派的这种神秘的数学理性自然观、哲学观，实际上对后世西欧文明的影响颇为深远。从古希腊天文学家托勒密（C.Ptolemy，约90—168）、波兰天文学家哥白尼（N.Copermcus，1473—1543）的天体运行论、英国科学家哈维（W。Harvey，1578—1657）的血液循环论，到英国物理学家、数学家与哲学家牛顿（I.Newton，1643—1727）的《自然哲学的数学原理》；从柏拉图到德国哲学家康德（I.Kant，1724—1804）的哲学思想，马克思（K.Marx，1818—1883）的《资本论》，以致罗素的数理逻辑和现代西方哲学的逻辑实证主义，都渗透着数学理性的共同特征。

数学还从思维和技术等多角度为人类文化提供了方法论基础和技术手段，从而丰富和推动了文化的发展。许多文化领域的革命常常是从数学的发展开始的。例如，文艺复兴以绘画艺术作为西方文化解放的先声，而绘画艺术新风格的产生、发展则与射影几何紧密相关。非欧几何时文化领域的影响，就不仅仅在于数学自身，而且对哲学认识论、现代绘画、雕塑艺术等的影响也极其深远。西方现代绘画家们无不以几何学作为基础课。

音乐一直被古希腊人认为是数学的一大分支，而19世纪法国数学家傅立叶（J.Fourier，1768—1830）级数的建立，使人们对音频、音高把握得更加清楚了，从而为创作各种优美的音乐提供了可能。1979年，美国数学家侯世达（D.R.Hofstadter）以他的著名的 *GEB*（中译本由商务印书馆于1996年以《哥德尔，埃舍尔，巴赫——集异璧之大成》为书名出版）一书轰动了美国。其中就谈到，数学家是荷兰艺术家埃舍尔（M.C.Escher，1898—1972）作品的第一批崇拜者，有许多物理学家比如李政道也很喜欢这些画。美国数学家哥德尔（K.Godel，1906—1978）是20世纪最伟大的数学家之一，也是亚里士多德、德国哲学家与数学家莱布尼茨（G.W.Leibniz，1646—1716）以来最伟大的逻辑学家。哥德尔的理论改变了数学发展的进程，触动了人类思维的深层结构，并且渗透到了音乐、美术、计算机和人工智能等领域。埃舍尔是当代杰出的画家，他的一系列富有智慧的作品体现了奇妙的悖论、错觉或者双重含义。德国音乐家巴赫（J.S.Bach，1685—1750）是最负盛名的古典音

① 王宪昌．试论中国古代数学史的某些评价观点[J]．科学技术与辩证法，1992（2）．

乐大师。这本书揭示了数理逻辑、绘画、音乐等领域之间深刻的共同规律（特别是奇妙的怪圈），似乎有一条永恒的金带把这些表面上大相径庭的领域连接在了一起。然而，其并没有单纯从数学的角度分析它们之间的关系，而是十分巧妙地把埃舍尔的绘画、巴赫的乐曲及关于哥德尔定理的论述结合在一起，从而编织出了“一条永恒的金带”。这条金带发出的耀眼光辉不仅照亮了哥德尔及其证明思想，而且它的更高价值就在于这一“连接”本身，即在于揭示出绘画、音乐与数学这些似乎遥远相隔的人类不同文化领域之间所存在的“惊人一致性”。[①]

数学还在传统文化符号创建中发挥着重要作用。比如，对称在传统文化符号中的应用范例十分繁多，常见于人类古代传统的大多与劳动和生活有关的用具，装饰性图案往往出现在编织物、陶器、武器、地砖及墙壁上。这些图案往往基于数学对称原理而构成。在中西方传统的建筑的建造过程中，在布局和结构中都发现其中蕴含着数学对称原理，当然这其中也蕴含着文化、宗教、美学等内容的考量。在传统文化符号中，对称常应用于有规律的、持续的、带有周期性的排列和装饰的文化符号。对称不仅对数学家和物理学家有吸引力，生物学家、画家、建筑师、心理学家、考古和史学家乃至音乐家都在思考和讨论它的普遍意义和影响力。[②]

数学文化的进步，已是信息时代科学文化发展的基础。数学在今天已经渗透到人类文化的诸多领域，连一些相沿已久的单一定性描述的学科也日渐走上定量分析的道路。苏联数学家柯尔莫戈洛夫（A.N.Kolmogorov，1903—1987）就从数学角度对诗歌的节奏做了精密的研究，从而诞生了艺术计量学。法国美学家科恩（J.Kohn）的《诗歌语言的结构》就采用了数理统计的方法，从而使这一研究别开生面。另外，人们应用电子计算机可以进行图案设计（电脑美术）、文章编写、文学创作、音乐作曲、考古查证。计算机这种高技术已广泛渗透到文化的各个领域。计算机文化更加证明了数学在现代文化中是不可缺少的。

数学的发展不仅改变着人们物质生活与精神生活的各个方面，同时还为物质文明与精神文明的建设提供了不断更新的理论、方法和技术手段。例如，突变理论、模糊理论、计算机与数据库、相关回归法、计量模型法等，使许多社会科学领域的问题的研究得以建立在更充分可靠的科学论证基础上。正如一位苏联学者所说：“由科技革命推动的文化进步……说明社会主义科技革命作为一种社会现象在文化上意义重大，具有独特的文化含义，而且在很大程度上决定着社会文化生活的条件，因此许多文化问题的解决都有赖于科技进步问题的解决。”

数学及其相关学科在近几十年的飞速发展，不仅改变着数学文化本身的内涵，而且冲击着人类文化许多固有的观念。例如，数学的发展使我们能够用新的方法，从新的角度看问题。席卷全球的新技术革命和产业革命所引起的产业结构、社会结构和文化结构的变化，推动着人类文化观念的进步。计算机带来的信息革命迫使人们改变或调整原有的价值观念

① 张维忠．数学文化史中的“π”[J]．浙江师范大学学报（自然科学版），2004（2）．

② 林迅．文化符号的数学思维[J]．同济大学学报（社会科学版），2010（6）．

和社会观念，否则就将落后于时代的发展。当今国际商业中有关贸易的计算机模型，它需要诸如随机微分方程这样精细高深的工具。而对医学研究来说，数学模型几乎与临床病例具有同等的重要性。事实上，高等数学的语言，从控制论到几何学，从微分几何到统计学，已经明显地渗透到商业、医学及现代社会的每个系统中。在发达国家，目前大约有一半劳动力在从事信息工作；而在许多发展中国家，信息工业常常是增长最快的经济部门。数学构成了信息社会文化发展的基础之一，并且是这个新的世界秩序的一部分。

总之，数学不仅对人类文化的诸多领域有着不可低估的影响，它还为文化学本身的研究提供了重要的方法和手段。这方面突出的成果就是所谓的“文化数学”。文化数学主要是文化学与数学交叉渗透的结果，是数学方法、电子计算机技术在文化研究中的应用。它主要是通过对文化信息进行测量、量化，从而使人们对文化现象的描述、解释、分类和比较更加精确。文化数学是现代文化学研究中人们进行定量分析的重要方法。

综上，数学是在整个历史的社会背景下得以发展的，而数学的发展进步同时又对整个文化传统产生了重大的影响。然而，现在有些数学教科书却以孤立的视角来处理数学知识，将活生生的数学文化从其整个文化传统中隔离出来，将数学知识与文化传统中的其他知识分离开来，于是我们就听到许多对数学抽象性的批评声音。因此，有人建议应进一步挖掘古希腊数学文化的教育价值，可以考虑将文学、艺术、宗教、历史等学科知识与社会知识融于数学课程中。由此，我们的数学课程就不是单调或者是抽象的，而是丰富的、富有色彩的。这样，学生才能对数学形成更全面、深刻的理解。①

### （二）文化对数学的影响

数学作为一种文化，理所当然地受到人类文化——文化传统、社会发展的影响。人类文化对数学的影响的一个典型例子就是民族数学关于民族数学，英国数学教育家豪森（G.Howson）等人曾做过如下描述：“在所有社会文化群落里存在大量的形形色色的工具，用于分类、排序、数量化、测量、比较、处理空间的定向，感知时间和计划活动，逻辑推理、找出事件或者对象之间的关系，推断、考虑各因素间的依赖关系和限制条件，并利用现有设备去行动等。虽然这些是数学活动，但工具却不是通常所用的明显的数学工具……按明确规定的目标或意向来操作这些工具与其说是一种待定的实践，倒不如说是可以认识的思维模式的结果。这种思维模式和系统实践的综合已经被称为有关文化群落的‘民族数学’。”张维忠等在大量文献综述后也认为，“民族数学”是20世纪80年代前后在国际数学界和数学教育界兴起的一个新的研究领域，就其基本意义而言，可被看成数学与人类文化学的一种交叉。作为一个研究领域，“民族数学”常常被定义为对数学（数学教育）与相应的社会—文化背景之间关系的研究，即是要研究“在各种特定的文化系统中数学是如何产生、传播、扩散和专门化的”。

① 谭晓泽.古希腊数学文化的精神遗产及其教育价值：以毕达哥拉斯为中心的考察[J].数学教育学报，2010（1）.

事实上，世界上各民族的文化背景很不相同，从而形成了各民族文化中特有的数学文化。例如，度量制、建筑物的外形曲线、语言表达习惯和一些特有的数学知识等。中国古代数学受中国文化影响，相对于以古希腊为代表的西方数学，形成了独特的价值取向。在中国特定的文化氛围中，古代中国数学并不是科学意义上的一个分支学科，中国古代数学具有外算与内算的双重功能，即“算数事物”的算术性功能与神秘意义的解释性功能。也就是说，从文化的角度看，人类古代数学作为文化系统中的一个操作运演的子系统，它从一开始就具有数量性与神秘性的双重功能。中国古代是以竹棍为特定物进行记录和数学操作运演的民族。竹棍是中国古代原始计数物，又是某些神秘性的表示物。但是，在中国文化发展中，作为原始数学的竹棍操作运演在历史的进程中完全分化成了两个独立的分支：一支是以蓍草（一种草本植物）操作形成的神秘解释体系；另一支则是以筹算操作运演形成的计算体系。中国原始数学数量性与神秘性的分离，使筹算失去了神秘性，从而也失去了可能作为宗教与哲学的思辨性。在中国文化的特定氛围中，筹算作为纯数量意义的运演而成为一种技艺。从文化的角度看，筹算是一种应用数量变化意义来解释实际问题的操作运演的应用子系统。筹算不解释乾坤流度、阴阳交替，筹算也不参与理性的表述。可以说，在中国文化中，筹算不具有解释“形而上”问题的文化功能，它只对“形而下”的问题做出数量的解释。①

作为一种对照，古希腊文化的特定氛围使古希腊的数学从开始就走上了充分发挥神秘性解释功能的道路。在古希腊，无论是毕达哥拉斯宗教数学，还是柏拉图永恒的理念抽象物，数学一直在发挥扩大着它的非数量意义的解释功能。毕达哥拉斯学派开始形成的在古希腊文化中占主导层次的数学，经过柏拉图和亚里士多德的努力，已经成为古希腊文化中的一种权威性的解释系统。虽然，由于无理数的出现，使这种解释由几何来担任。但是，亚里士多德对形式逻辑的开创，以及对事物数量属性的论证，实际上已使数学的思维方法和数学的运演操作形式从两个方面成为一种更具广泛性和权威性的解释世界的形式，只不过在亚里士多德的解释系统中，数学减少了神秘性，增加了理性的色彩。总之，从毕达哥拉斯的“万物皆数”到柏拉图用几何图形来构建世界，直到亚里士多德把数学看作是万物固有的特征，古希腊借助数学解释一切的文化传统使数学成为具有文化意义的理性基础。古希腊与西方的天文、医学、逻辑、音乐、美术、宗教、哲学都在发挥着理性的解释作用。

从中西文化的比较中，可以看到，不同民族文化中数学神秘性发展的道路是不同的。古希腊数学的神秘性一直与数学的发展相结合，数学伴随着神秘性发展演化为一种带有宗教、哲学理性的运演体系。西方数学解释宇宙的变化，引导理性的发展，参与物质世界的表述，规范各种学科的建构，用数学来解释一切是西方数学在西方文化中获取的价值观念。

而与西方文化相比，筹算不具备西方数学那种用数学及数学理性解释一切的价值取向。在中国文化中，数学的价值观念是技艺实用而非理性思辨。技艺实用的数学价值观，使以《九章算术》为代表的中国古代数学明显表现出实用性、计算性、算法化以及注重模型化方法

① 王宪昌．文化价值观与宋元数学：：数学文化史研究的一个案例 [J]. 大自然探索，1995（1）.

的特点。一般来说，中国古代数学是一种从实际问题出发，经过分析提高而概括出一般原理和方法，以求最终解决一大类问题的体系。如果说古希腊的数学家以发现几何定理为乐事的话，那么中国古代的数学家则以构造精致的算法为己任，通过切实可行的手段把实际问题划归为一类数学模型，然后应用一套机械化（或称程序化）的算术求出具体的数值解。[①]中国数学在古代曾经达到很高的水平，与同时期的西方数学相比，许多重要的结果是领先的。但是，中国数学的表述方式是不同的，一个普遍的结果常常通过某个具体的问题的解法写出来，数学的发展也常常是通过对前人著作的注释来叙述。同时，中国数学更着重实用，要求把问题算出来，用现代的话说，就是更重视"构造性"的数学，而不追求结构的完美与理论的完整。可以说，这种表述方式深受中国古代哲学的影响。冯友兰就曾指出："中国哲学家惯于用名言隽语、比喻例证的形式表述自己的思想。《老子》全书都是名言隽语，《庄子》各篇大都充满比喻例证。"这表明中国数学深受中国文化的影响，正如西方数学很大程度上受西方文化的影响。古希腊数学的坚实深沉、17世纪至18世纪欧洲数学的繁花似锦，都体现了那个时代高度发达的人类文化，或者说是数学与人类文化协调发展、相得益彰的结果。事实上，伊斯兰建筑的几何曲线、基督教堂的特有曲线、中国建筑的飞檐挑拱，都各具民族特色。中国的珠算、印度的数论知识、欧洲的黄金分割律等也是各自所特有的。这是不同文化背景下出现的不同的数学。过去在相当长的时期，有不少学者强调数学的发展与社会实践、生产发展密切相关，把生产、社会的作用夸大到具有决定性的地步。这虽在一定程度上为讨论文化环境对数学的影响提供了一个视角，但是，这还远远不够。因为这种观点在相当程度上是为了对抗数学发展自身的独立性，而不是为了对这种独立性进行补充而提出的。事实上，数学的进化是知识与社会相互作用的复杂过程。数学科学一旦形成，有其自身的独立性。与其他科学相比，其内部逻辑在更多的情况下起决定作用。但是，在承认数学自身独立性具有决定作用的前提下，应充分意识到数学的发展是人类文化各个领域相互作用、相互促进的过程，并进而研究彼此之间的关系。这样，一门数学社会学便产生了。

数学社会学按照其创立者之一的美国数学史家斯特洛伊克（D.J.Stmik，1894—2000）给出的定义，可以这样来界定："数学社会学，研究社会组织形式对数学概念、方法的起源与发展的影响，以及数学作为某一时代社会、经济结构的一部分所起的作用。"（有关斯特洛伊克的生平进一步可见，刘钝，2002）因此，数学社会学对数学的理解既是社会的，又是文化的，它既将数学看作是一种社会建制，从而从社会学的角度研究数学；又将数学看作是人类文化的子文化，从而研究人类文化对数学的影响。事实上，重构数学的发展过程，仅注重其内部的逻辑发展往往显得"势单力薄"，而"内部"与"外部"——文化因素的结合应是一种明智的选择。于是，数学社会学从一开始就因其学科交叉的性质而带有很浓的数学文化气息，二者有很多研究的共同取向。比如，要从社会学的角度对数学进行研究，就离不开对数学的深刻而全面的理解，也就离不开数学文化哲学。反之，要想全面而完整

① 张维忠．数学文化史中的"π"[J]．浙江师范大学学报（自然科学版），2004（2）．

地揭示数学文化的内涵,也离不开数学社会学,因为人及其属人的数学在本质上是社会的。[①]数学史和社会学的联姻，或者说数学社会学的研究更加强调数学作为社会、文化的产物，是人类文化的重要组成部分和不可缺少的文化力量。

目前，学术界对数学社会学所进行的研究，其范围主要在人类文化对数学发展的影响。值得指出的是，由于研究数学社会学主要是围绕着数学史进行，并且作为数学史的一个组成部分，因此数学社会学又被学者们理解为“数学社会史”。

数学社会学的基本出发点，是在承认数学自身独立性具有决定作用的前提下，充分意识到数学的进展是人类文化各个领域相互作用、相互促进的过程，并进而研究彼此之间的关系。这里人类文化的各个领域主要包括社会因素、经济基础、生产方式、政治思潮及政治变革、哲学思想、宗教、艺术、美学、文学思潮等。按照科学史的术语来说，数学社会学属于“数学外史”的范围。事实上，重构数学的发展过程（哪怕是一个时期，或者每一门具体的学科分支），如果仅仅注重其内部的独立发展往往会显得很不够，较明智的办法是将“内部”和“外部”即文化因素的各个方面结合起来加以综合研究。

## 第三节　数学文化的内涵与特征

数学文化的实质是数学具有客观存在性，数学独立于个体意识而存在，却完全依赖于人类意识，数学概念存在于文化之中，即存在于人类的行为和传统思想的主体之中，数学的实在即文化。

### 一、数学文化的实质：数学的实在即文化

数学对象的实在性问题是数学哲学研究中的一个基本问题，即数学的本体论问题。我们究竟应当把数学对象看作一种不依赖于人类思维的独立存在，还是看作是人类抽象思维的产物？在这一问题上存在的尖锐的对立观念由来已久，可以追溯到古希腊。

古希腊的柏拉图就明确提出了关于“理仿世界”与“现实世界”的区分，并具体指明，数学对象就是现实世界中的存在，因而是一种不依赖于人类思维的独立存在。的确，我们都有这样的体会：在数学中所从事的是一种客观的研究。就是说我们只能按照数学对象的“本来面貌”去进行研究，而不能随心所欲地去创造某个数学规律，因而在很多人看来，数学对象确实是一种独立的存在，即所谓的“数学世界”。

古希腊的亚里士多德与柏拉图持相对立的观点。亚里士多德指出，数学所研究的量与数，并不是那些我们感觉到的、占有空间的、广延性的、可分的量和数，而是作为某种特殊性质的（抽象的）量和数，是我们在思想中将它们分离开来进行研究的。从这段哲学分

① 董华，张俊青. 从数学哲学到数学文化哲学 [J]. 自然辩证法研究，2005（5）.

析的论述中可以看出，亚里士多德认为数学对象只是一种抽象的存在，也就是人类抽象思维的产物。事实上，尽管有一些基本的数学概念具有较明显的直观意义，但是数学中许多概念都是在抽象之上进行抽象，由概念去引出概念的间接抽象的结果，而并非建立在对于真实现象或事物的直接抽象之上。甚至还有一些数学概念与现实世界的距离越来越远，以致常常被说成“思维的自由创造”。例如，射影几何中的理想元素，在罗莎·彼德（R.Peter）的笔下成了“……并不属于可想象事物的世界”。显然，他是在说“不可想象性”，这就清楚地表明了“自由想象”在数学中的充分运用是何等重要。无怪乎数学常常被称为“创造性的艺术”。

这两种相互对立的观念一直延续到近现代。著名数学家哈代（G.Hardy）在他的名著《一个数学家的自白》中写道：“我认为，数学的实在存在于我们之外，我们的职责是发现它或遵循它。”持对立观念的是卡斯纳（E.Kasner），他指出：“非欧几何证明数学……是人亲手创造的，它仅仅服从思想法则所设定的限制。”

虽然这种对立的观念在数学哲学领域内是根深蒂固的，但是从一般文化物的角度来说，却并不存在类似的问题。广义地说，人类文化是指人类在社会历史实践过程中所创造的物质与精神财富的总体。按照这一定义，我们就应把由人类思维所创造的而非自然的对象与事物都看作文化物。可见人类文化的一个基本特征是任何一种文化成分都是人类思维的产物。但是，任何一种文化成分相对于各个个体而言，却又具有相当大的独立性。而且可超越各个具体个体而得到繁衍。这种一般文化物的“二重性”可解释为是由于一般文化物通过由个体向群体的转移实现了主观创造向客观实在的转移。

美国著名文化学者怀特采取同样的思路去解决数学本体论问题。他提出，数学对象应当被看成一种文化，并认为数学实在独立于个体意识而存在，却完全依赖于人类意识。在怀特看来，数学真理既是人所发现的，又是人所创造的，它们是人类头脑的产物，但它们是被每个在数学文化内成长起来的个体所遇到或发现的。那么，数学实在的本质是什么呢？怀特的解释提供了答案：“数学确实具有客观存在性。这种实在……不是物理世界的实在，但它一点儿也不神秘，数学实在即文化。”“数学概念……存在于文化之中，即存在于人类的行为和传统思想的主体之中。”

美国学者怀尔德就是数学文化研究的重要倡导者之一，他在 1968 年出版的《数学概念的进化：一个初步的研究》一书中，提出了关于数学发展的 11 个动力和 10 条规律。另外，在 1981 年出版的《作为文化系统的数学》一书中怀尔德又提出了关于数学发展的 23 条规律。他的有关论述，就是对“文化子系统”论的有力支持。

## 二、数学文化的特征

数学文化的特征包括数学的抽象性和形式化、数学的严密性、数学在应用方面的广泛性、数学符号语言的简洁性、数学思维方法的独特性、数学美的高雅性、数学文化的稳定性和连续性、数学发展的时代性以及数学精神的深刻性等。其中数学的抽象性和形式化、数学的严密性、数学在应用方面的广泛性是数学文化的重要特征。除此之外，数学文化的特征还应特别强调它的符号语言的简洁性、思维方法的独特性、美的高雅性、发展的时代性和精神的深刻性。

### （一）数学的抽象性和形式化

数学的严密性及数学在应用方面的广泛性。数学作为相对独立的知识体系，其基本特点是抽象性、统一性、严谨性、形式化、模型化、广泛的应用性和高度的渗透性。从数学文化的实质不难看出数学的文化性质：无论就事实性结论（命题）或是就问题、语言和方法而言，都是人类思维的产物，而且它们又都应被看成社会的建构，即只有为社会共同体所接受的数学命题、问题、语言和方法才能真正成为数学的组成部分。因此，数学的本质是研究客观世界量的关系的科学。

由数学的这一量的关系的本质特征的概括可知数学的文化意义表现在：首先，数学是从量的方面揭示事物特性的，这就决定了数学必然是抽象的，数学的抽象性作为数学认识的出发点，是数学成为一门科学的标志；其次，客观世界中的万事万物无不具有质与量两个方面的特征，因此数学的应用必然具有广泛性，数学方法在各门科学中的应用性日益提高，数学思想也广泛渗透于人类不同的文化领域中，数学模型成为连接抽象理论与现实世界的桥梁；最后，事物间是相互联系、相互影响的，且联系和影响的方式呈多样性和复杂性，数学则是通过寻求不同模式的方式来研究量间的关系的。随着对数学认识的深化，数学的严谨性和形式化水平越来越高，数学的分支不断扩大，数学被赋予更多的内在统一性。

数学文化是一个由其各个分支的基本观点和思想方法交叉组合构成的、具有丰富内容和强烈应用价值的技术系统。在信息社会，数学的方法论性质也产生了变迁，从传统的以推理论证为主的研究范式，逐步扩展为包括计算机实验在内的新型研究方法。数学除了其基础理论在多学科渗透之外，随着数学方法在多学科领域的拓展，特别是与计算方法有关的数学方法的广泛应用，越来越呈现出其高技术的特点。

由此我们可以清楚地看到，数学的抽象性、模式化、数学应用的广泛性等特征都由数学的本质所决定，是由本质特征派生而来的。因此，数学的抽象性和形式化、数学的严密性、数学在应用方面的广泛性是数学文化的重要特征。

### （二）数学符号语言的简洁性

数学文化是传播人类思想的一种基本方式，数学语言作为人类语言的一种高级形态，是一种世界语言。

在数学中，描述现实世界的各种量、量的关系及变化都是用数学所特有的符号语言来表示的。这种符号语言不仅具有规范、简洁、方便的特征，而且刻画精确、含义深刻。正如 M. 克莱因所描述的那样：数学语言是精确的，它是如此精确，以致常常使那些不习惯于它特有形式的人觉得莫名其妙。然而任何精密的思维和精确的语言都是不可分割的。

正是这种简洁性和概括性使得数学语言具有广泛的普适性，以至于被广泛地应用，并成为科学的语言而受到科学家们的青睐。所以，伽利略把它描述为："数学符号就是上帝用来书写自然这一伟大著作的统一语言，不了解这些文字就不可能懂得自然的统一语言，只有用数学概念和公式所表达的物理世界的性质才可被认识……"

数学文化是人类智慧与创造的结晶，数学文化的历史以其独特的思想体系，保留并记录了人类在特定社会形态和特定历史阶段文化发展的状态。越来越多的证据表明，人类最初发明的数学符号有的要比文字的发明早得多。数学史研究还表明，在古代不同民族、不同国家之间文化交流的过程中，数学是重要的传播内容和媒体。数学语言在其漫长的发展岁月中体现出统一的趋势，数学语言作为一种科学语言，是跨越历史、跨越时空的，并逐渐演变成一种世界语言。在现代数学语言里，计算机和人工智能获得了产生和发展的理论基础。

### （三）数学思维方法的独特性

数学文化是一个以理性认识为主体的具有强烈认识功能的思想结构。从思维科学的角度看，数学思维是以理性思维为核心的包含多种思维类型在内的完整的思维空间。数学思维不仅包括逻辑思维，还包括直觉思维、想象力和潜意识思维。思维的不同类型的精妙绝伦的匹配和组合，不仅构成了数学思维的精髓，而且是一切科学思维的本质特征。

数学运用抽象思维去把握数学实在。它用抽象化和符号化的方法来描述世界，通过对人类思维抽象物的研究来触及事物的根本，认识宇宙，揭示世界的规律。在对实际问题的研究中，通过抽象建立模型，并在数学模型上展开数学的推导和计算，以形成对问题的认识、判断和预测。

数学赋予科学知识以逻辑的严密性和结论的可靠性，是使认识从感性阶段发展到理性阶段，并使理性认识进一步深化的重要手段。在数学中，任何一个研究的对象都有其明确无误的概念，每一种方法都是由明确无误的命题开始，而且服从明确无误的推理规则，借以得到正确的结论。"正是因为这样，而且也仅仅因为这样，数学方法既成为人类认识方法的一个典范，也成为人在认识宇宙和人类自己时必须持有客观态度的一个标准"（齐民友语）。

以欧几里得《几何原本》为代表的数学的公理化方法，用极少的几个概念和命题作为必要的基础，通过明确的定义和逻辑推理来建立知识体系。这种思想方法已成为对理论进行整理和表述的最好形式，并被各门科学广泛地采用，现如今已经超出了自然科学的范围而扩大到了政治学、经济学、伦理学等各个方面。

从更广泛的意义上看，数学思维与人类思维的关系可以用全息律或全谱系来加以概括和描述，从较低级的数学感知觉与数学经验到较高级的数学悟性与数学审美，其间排列着数学推理、数学运算、数学直觉、数学猜想、数学类比、数学归纳、数学想象、数学灵感等形式，它表征着人类思维从简单、隐约、模糊、直观、感性到复杂、清晰、明朗、抽象、理性的巨大跨度和演变进程。

### （四）数学美的高雅性

数学文化是一门具有自身独特美学特征功能与结构的美学分支。如果说数学的真表征着数学的科学价值，数学的善表征着数学的社会价值，那么数学的美则表征着数学的艺术价值。数学的美是一种理性的美，数学的美作为科学美的有机组成部分和典范，开创了美学新的园地和维度。数学美学具有在语言、体系、结构、模式、形式、思维、方法、创新、理论等各方面的丰富表现形式。必须指出的是，数学的美学性质是其真理品质的一种特殊表现形式，换句话说，数学的美是由其真理性衍生出来的。正如钱学森所主张的，美即与宇宙真理相和谐，尤其要警惕的是要避免抛开数学的真善谈美的科学唯美主义倾向，而研究数学美与数学审美的主要目的，从数学文化角度看，是为了进一步探索数学自身的科学结构和规律；从教育的角度看，则是为了促进学习，提高学生的数学素质。

邓东皋教授提出“数学美是一种严峻的美、崇高的美，干净、简明、整洁、和谐、深刻”。哲学家罗素更是认为数学美是一种至高的美，是一种冷而严格的美，这种美没有绘画或音乐的那样华丽的装饰，它可以纯净到崇高的地步，能够达到只有伟大的艺术才能显示的那种完美的境地。数学的这种高雅的美，既是数学文化的组成部分，也是数学文化的一个重要特征，它主要表现在以下几个方面：

（1）简洁性——简单、明了。一方面，它是指数学结构的简单性或数学的表达形式与理论体系的简单性；另一方面，是指能用简洁的数学语言、数学公式揭示错综复杂的自然现象的本质性规律。的确，当纷乱的自然现象以一种简洁的数学公式的形式显现在人们面前的时候，人们不能不为它美丽的数学形式而深感赞叹。

（2）和谐性——协调、协同、相容，即无冲突、无矛盾。这正如美学家高尔泰所说：“数学的和谐不仅是宇宙的特点、原子的特点，也是生命的特点、人的特点。”这种和谐既包括数学内在的一种协同、相容，如大部分数学可以建立在公理集合论之上，这一事实说明不同分支学科之间是协调的、相容的，它们构成了一个和谐的整体；也包括数学外在的一种协同、相容，如各种数学模型与现实模型的相符，各种数学理论在自然科学中恰到好处的应用，无不表明数学与科学之间的协调。和谐还常常表现为一种对称——美观、协调。数学家约翰森说：“数学有着比其他知识领域更大的永恒性，它的曲线和曲面具有平衡和对称，就像艺术大作那样令人愉快，并且在自然的图案和定律中处处可见。”

（3）统一性——部分与部分、部分与整体之间的和谐一致、相互协调。数学中看起来相隔甚远、毫无联系的分支理论，竟然有着深刻的关联，能够统一在一个一致的基础上，这无疑将给人带来极大的美感。看到错综复杂、互不关联的理论统一到一种简洁的理论之中，真是可以体验到一种很美好的情绪。

（4）奇异性——奇妙、新颖、出乎意料。然而，奇异中蕴含着奥妙与魅力，奇异中也隐藏着秩序和规律。

### （五）数学文化具有相对的稳定性、连续性

数学知识具有较高的确定性，因而数学文化具有相对的稳定性和连续性，数学是人类对于知识确定性信仰的一个重要来源。

著名的科学哲学家波普尔认为数学是具有很强自律性的学科。从数学的历史发展看，数学知识曾被视为确定性知识的典范，虽然现代数学已经不再支持经典的形而上学数学观，但数学依然是各门学科中最具确定性和真理性的学科。虽然数学发展中不乏变革，但从整体看数学始终保持着其稳定和连续的发展状态。

### （六）数学发展的鲜明时代性

数学作为一个开放的系统，有来自于其内部和外部的文化基因。一方面，数学的内容、思想、方法和语言，深刻地影响着人类文明的进步。另一方面，数学又从一般文化的发展中汲取营养，受到所处时代的文化的制约。

数学发展的历史表明，不同的民族文化会产生不同风格的数学，它们具有鲜明的时代文化烙印，而且一个时代的总特征在很大程度上与这个时代的数学活动密切相关。例如，中国古代数学崇尚实用，由此促进了实用数学的发展，从而诞生了“以计算见长”且具有较强实用性的《九章算术》。

数学发展的一个最明显的动力是为解决因社会需要而直接提出的问题，数学思想的建立也离不开人类文化的进步。所以，“当整个文化系统的成员都认为数学是一种表现宇宙万物的方式、理性的时候，数学必然按照表现宇宙、理性的方式‘修饰’、发展和构造自己；当中国文化及其社会成员都认为数学是一种技艺、可以计量使用的实用技能时，数学的发展就必然地会使相应的计算更加方便、快捷，并运用当时社会所承认和规定的直观、类比、联想、逻辑、灵感等方法作为自己的依据以获得社会的承认和应用”（郑毓信等）。另外，就数学家个人而言，他们在创建数学的时候，也是不断地从一般文化中汲取营养。正如庞加莱所说：“忘记外部世界之存在的纯数学家将会像一个知道如何和谐地调配颜色和构图，却没有模特的画家一样，他的创造力很快就会枯竭。”

对数学发展的时代性，M. 克莱因做过精辟的论述：数学是一棵富有生命力的树，它随着文明的兴衰而荣枯。它从史前诞生之时起，就为自己的生存而斗争，这场斗争经历了史前的几个世纪和随后有文字记载历史的几个世纪，最后终于在肥沃的希腊土壤中扎稳了生存的根基，并且在一个较短的时期里茁壮成长起来了。在这个时期它绽放了一朵美丽的花——欧氏几何，其他的花蕾也含苞欲放。如果你仔细观察，还可以看到三角和代数学的雏形，但是这些花朵随着希腊文明的衰亡而枯萎了，这棵树也沉睡了一千年之久。后来这棵树被移植到了欧洲本土，又一次扎根在肥沃的土壤中。到公元 1600 年，它又获得了在古希腊顶峰时期曾有过的旺盛的生命力，而且准备开创史无前例的光辉灿烂的前景。

## （七）数学精神的深刻性

数学家 M. 克莱因指出，在最广泛的意义上说，数学是一种精神，一种理性的精神。正是这种精神激发、促进、鼓舞和驱使人类的思维得以达到最完善的程度，亦正是这种精神，试图决定性地影响人类的物质、道德和社会生活，试图回答有关人类自身存在提出的问题，努力去理解和控制自然，尽力去探求和确定已经获得知识的最深刻的和最完美的内涵。

这种数学精神的第一个要素就是对理性的追求。郑毓信先生在其《数学教育哲学》中总结了构成数学理性的主要内涵：

（1）主客体应严格区分，而且在自然界的研究中，应当采取纯客观的、理智的态度，而不应掺杂有任何主观的、情感的成分。正如齐民友先生在《数学与文化》中所指出的，数学的每一个论点都必须有依据，都必须持之以理，除了逻辑的要求和实践的检验以外，几千年的习俗、宗教的权威、皇帝的敕令、流行的风尚通通是没有用的。这样一种求真的态度，倾毕生之力用理性的思维去解开那伟大而永远的谜——宇宙和人类的真面目是什么？这是人类文化发展到一定高度的标志。

（2）对自然界的研究应当是精确的、定量的，而不应该是含糊的、直觉的。

（3）批判的精神和开放的头脑。即把理性作为判断、评价和取舍的标准，不迷信权威、不感情用事。

（4）抽象的、超验的思维取向。即超越直观经验并通过抽象思维达到对于事物本质和普遍规律的认识。

数学理性的这些特质构成了理性思维的内涵，成了人类思维的象征，从而也使数学理性成为人类文明的核心部分之一。数学精神的另一个要素是对于完美的追求。数学家高斯在回顾二次互反律的证明过程时曾说："去寻求一种最美和最简洁的证明，乃是吸引我去研究的主要动力。"追求简洁、追求统一、追求和谐、追求完美是数学家研究数学的最有力、最崇高的动力之一，使数学家把自己的一生陶醉于数学理论的探求之中。庞加莱曾有一段名言："科学家研究自然，是因为他爱自然，他之所以爱自然，是因自然是美好的。如果自然不美，就不值得理解；如果自然不值得理解，生活就毫无意义。当然，这里所说的美，不是那种激动感官的美，也不是质地美和表现美……我说的是各部分之间有和谐秩序的深刻的美，是人的纯洁心智所能掌握的美。"也正因为如此，在数学的研究中，数学家们往往根据审美的标准选择自己的研究方向，用审美的标准对数学理论进行评价和取舍，正是数学内在的美一直激发着数学家们的浓厚兴趣，正是数学所蕴含的无限的奥妙和美感，诱使着如此众多的人去探索、去遨游、去为之献身。这正是数学精神的深刻所在、魅力所在、力量所在，这也是数学文化的价值所在。

## （八）数学文化的多重真理性

数学文化是一个包含着自然真理在内的具有多重真理性的真理体系。数学自诞生时就成为描绘世界图式的一种极其有效的方式。伽利略说，大自然这本书是上帝用数学语言写成的；拉普拉斯说自然法则是为数不多的数学原理的永恒推论。数学是关于模式的科学的见解，现已获得广泛的认可，其基本过程是对现实世界原型现象和各门科学原理进行数学化处理的结果。作为一系列抽象、概括、符号化、形式化建立模式的结晶，通过现实对数学真理的选择，使数学的真理价值转化为其社会价值，数学的真与善达到了统一。

# 第二章 数学文化的理论观念

数学是一种文化已经被人们所接受，数学教育中应该注重数学文化教育也被人们所认可。把数学看成是人类文化的一个重要组成部分并且认为数学对整个人类文化有广泛和深刻的影响，是我们如何对待数学的一种新观念。数学文化作为国际数学教育现代研究最为关注的一个热点，已引起人们的普遍重视。

在现实中，对于数学文化的要求已写进了中学数学课程标准。近年来，我国内地大学纷纷实践开设新型的人文教育类数学课程，高职数学教育的研究越来越受到数学家和广大一线数学教师的重视，强调改变观念，重新审视数学教育，把数学教育提升到文化意识，强化数学文化对大学数学教学的意义。把数学作为一种文化来研究，表现了数学哲学与数学教育研究中的一种创新精神。数学文化的研究层面主要包括数学的文化观念、数学文化的特征、数学文化的形态、数学文化的学科体系、数学的文化价值。

## 第一节 数学文化的观念

数学文化研究意欲表达的是一种广泛意义下的数学观念，即不仅超越把数学视为一门科学体系的单纯的科学主义观念，而且超越把数学作为以方法论为主线的数学哲学观念，把数学置身于其真实的历史情景及迅猛变革的现实社会文化背景之中。数学文化研究旨在从宏观角度探讨数学自身作为人类整体文化有机组成部分的内在本质和发展规律，并进而考察数学与其他文化的相互关系的作用形式。

### 一、数学文化观提出的背景

以文化为研究对象的历史久远。早在两千多年前，我国史册中便有关于文化为“文治教化”含义的记载，而古希腊人则将文化解释为技巧、能力。随着 19 世纪进化论的产生，人的问题成为哲学的重要课题。哲学人类学派在考察了自古希腊以来关于人的特性的三种主要哲学观点，即人是理性动物的观点、人是上帝造物的观点和人是地球发展的一个最终产物的观点后，提出“人是文化的存在”的命题，将“文化”作为区分人与动物的重要尺度。

哲学的介入为文化的研究注入了动力，中外学者从不同角度、不同层面开展了对文化的研究，使得文化研究无论是从深度上还是从广度上都获得了极大的进展。1959 年，美国学者怀特在《文化的科学》一书中提出建立文化学的构想，他将文化学定位为文化哲学人类学的分支，标志着文化研究作为一门科学独立出来。在哲学界与学术界的共同催生下，文化的重要性被提到一个前所未有的高度。20 世纪七八十年代，世界兴起研究文化的热潮。

文化之所以受到人们的高度重视，从哲学层面看，文化作为人的本质特征，是人类与自然界中其他生物种系相区别的重要特性，关注文化即关注人本身；从学术层面看，文化与人类的一切活动相关，所有学科领域无不与文化有密切的联系。1980 年，美国学者怀尔德在《作为文化系统的数学》一书中提出数学文化的概念，强调各种子文化对数学的发展有着重要的影响。自 20 世纪 80 年代起，我国数学教育专家、学者对数学文化开展了大量研究，特别是在《普通高中数学课程标准》中，将数学文化内容作为一个板块纳入数学教材中，旨在克服“数学曾经存在着的脱离社会文化的孤立主义的倾向”“努力使学生在学习数学的过程中受到文化熏陶，产生文化共鸣，体会数学的文化品位，体察社会文化与数学文化间的互动”。

## 二、数学文化观

文化，从广义的角度讲，是指通过人的活动对自然状态的变革而创造的物质财富与精神财富的总和，即一切非自然的、由人类所创造的事物或对象。

数学是人类文化特有的，同时也是普遍的表现形式。数学文化这一概念能够概括包容与数学有关的人类活动的各个方面。数学文化研究不仅可以进一步揭示数学的内在科学结构，而且可以描绘整个社会数学化的趋势并深刻表现数学的文化特征和人性化色彩。数学文化研究立足于数学自身的客观性和人类文化建构的能动性、创造性，把自然、社会与人的和谐统一视为整个数学文化价值的评判标准。数学文化的观念确立了数学与人文、社会科学的密切关系，并赋予数学越来越多的在非自然科学领域的应用价值。

数学文化作为人类基本的文化活动之一，与人类整体文化息息相关。在现代意义下，数学文化作为一种基本的文化形态，是属于科学文化范畴的。从系统的观点看，数学文化可以表述为以数学科学体系为核心，以数学的思想、精神、知识、方法、技术、理论等所辐射的相关文化领域为有机组成部分的一个具有强大精神与物质功能的动态系统。其基本要素是数学（各个分支领域）及与之相关的各种文化对象（各门自然科学，几乎所有的人文、社会科学和广泛的社会生活）。其作用形式包括数学以其特有的力量推动人类文化的进步，同时数学又从其他相关领域中汲取养分并获得动力。当数学文化健康发展时，两种作用形式交互进行，形成良性互动。数学文化涉及的基本文化因素包括数学、哲学、艺术、历史（不仅是数学史）、教育、思维科学、社会学、化学、物理学、生物学等。数学不仅是物质文明的基石，而且是精神文明的宝贵财富。

在现代科学体系的分类中，如钱学森所阐明的，数学已与自然科学和社会科学相并列，而不再作为自然科学的一个门类。这一新的划分标准适应了现代数学发展的要求，对于理解数学文化的本质有重大推动作用。数学作为连接自然科学与人文社会科学的纽带，扮演着沟通文理、兼容并蓄、弥合文化裂痕的文化使者的角色。现代数学文化处于人类文化发展的较高阶段，数学作为科学的典范，在近代文化中逐渐取得其文化优势。这种优势首先是在科学思想与理性思想击败错误的神学宇宙思想与宗教信仰的过程中获得的，在自然科学的数学化进程中被强化巩固的，最终是以数学在几乎所有的人类活动中的广泛应用得到确立的。数学已成为信息社会不可或缺的支柱力量，在新技术革命和信息革命浪潮中，数学及其技术已成为最宝贵的思想与理论财富。

由于数学是人类最高超的智力成就，也是人类心灵最独特的创作……无论就事实性结论（命题），或是就问题、语言和方法而言，都是人类思维的产物，而且它们又都应被看成社会的建构。这也就是说，只有为“‘数学共同体’所一致接受的数学命题、问题、语言和方法才能真正成为数学的组成部分”（M. 克莱因）。这就表明数学对象虽然具有客观实在性，但不是物理世界中的实在，即并非物质世界中的真实存在，而是人类抽象思维的产物。所以，从这个意义上讲，数学就是一种文化。在现代人类文化的研究中，另一种较为流行的观点是：把文化看成是由某种因素（居住地域、民族性、职业等）联系起来的各个群体所特有的行为、观念和态度等，也即是指各个群体所特有的“生活（行为）方式”。在现代文明社会中，数学家也构成了一个特殊的群体——数学共同体。在这个共同体中，每一个数学家都必然地作为该共同体的一员从事自己的研究活动，从而也就必然地处在一定的数学传统之中，这种数学传统包括核心思想、规范性成分和启发性成分，它是一种成套的行为系统，并保持着一定的稳定性，这就构成了数学共同体所特有的行为、观念和态度。这即是说，数学是一种以数学共同体为主体，并在一定文化环境中所从事的创造性活动。所以，从这个意义上讲，数学也是一种文化。

在对数学历史发展的研究中，一个重要的观点是数学的发展是由外部力量（环境力量）和内在力量（遗传力量）共同作用的结果。其外部力量不仅为数学的发展提供了重要动力，而且也提供了必要的调节因素和检验标准。而其内部力量主要表现为两个方面：一方面是历史的传承和积淀。作为一门有组织、独立的理性学科的数学，不管它发展到怎样的程度，都离不开历史和积淀的过程。正如亚历山大所指出的，数学的发展“不是用破坏和取消原有理论的方式进行的，而是用深化和推广原有理论的方式，用以前的发展准备提出新的概括理论的方式进行的”。这即表明了数学发展的历史性和连续性。另一方面是数学传统与数学发展现实状况（包括已取得的成功及种种不如人意的地方，如长期未得到解决的问题的存在、不相容性的发现、现有符号的不适应等）的辩证关系，这是决定数学发展的主要矛盾之一。以上分析表明，数学的发展有其相对的独立性，但外部力量对其发展也能起到决定性的作用，即数学系统在总体上是开放的，它可以被看成是整个人类文化的一个子系统。这即是一种更高层次的数学文化观。

综上所述，数学文化观是人们对“数学是什么”的根本看法和认识。文化是指人类在社会历史实践过程中所创造的物质财富与精神财富的总和，人类文化的内涵包括人类思维方式、行为模式以及历史观念。数学是一种文化，而且是人类文化的重要组成部分，这是由数学对象的人为性、数学活动的整体性和数学发展的历史性决定的。

首先，数学的研究对象即数学对象是数学活动的客体成分，它并非物质世界中的真实存在，而是抽象思维的产物，因此，从文化的概念来讲，数学就是一种文化。与一般文化物相比，数学的特殊性在于数学对象的形式建构性与数学世界的无限丰富性和秩序性，且数学对象应被看成是社会的建构，即只有为社会共同体所一致接受的数学命题、问题、语言和方法才能真正成为数学的组成部分。

其次，从事数学活动的数学家是数学活动的主体成分。由于在现代社会中数学家必定是作为一定社会共同体的一员而从事自己的研究活动的，或者说，他们的数学活动必定是在一定的传统指导下进行的，因此，从从事数学活动的数学家这一角度看，数学文化是指特定的数学传统，即数学家的行为方式。

最后，在数学活动历史演化进程即数学的发展历史中，数学文化的内涵具有多变性。从历史角度看，数学最初只是作为整个人类文化的一部分得到了发展，随着数学本身与整个人类文明的进步，数学又逐渐表现出了相对的独立性，尤其是获得了特殊的发展动力内驱动力，并表现出了特有的发展规律。因此，有些学者认为，现代数学文化已经处于人类文化发展的较高阶段，并可被认为构成了一个相对独立的文化系统或者说文化子系统。

从以上对数学对象的人为性、数学活动的整体性和数学发展的历史性的分析中看到，数学是一种文化，数学是人类文化的重要组成部分。而且现代文明是一种以数学精神、数学理性为基底的文化，没有现代数学就不会有现代文化，没有渗透现代数学的文化是注定要衰落的。

## 三、数学文化观的理论意义

在西方学者的观念中，数学文化观是由西方数学哲学和人类文化学的发展推动而形成与发展的，是一种文化体系。从人类文化学的角度把数学看作一种文化，强调数学作为文化系统的一个子系统所具有的文化特征；从数学哲学的角度把数学看作一种文化，强调数学是对自身特征的一种思辨。这种数学文化观使传统的数学哲学开始注重数学自身具有的构造性之外的文化和社会属性，同时强调了数学具有的广泛社会实践性。数学文化观的理论意义表现在以下几个方面：

### （一）数学文化观为数学教育提供了一种新的理念

数学文化观不仅为数学哲学和数学史，更为重要的是为数学教育提供了一种新的理念。西方学者把数学看作一种文化体系，是在表明数学知识是一种文化传统，数学活动是一种社会性的活动，因此，人们可以用社会科学的方法说明数学的活动，从而寻找出一些支配文化系统的普遍法则，并运用这些普遍法则来说明或支配数学这一文化系统中的子系统。

就数学教育而言，西方学者运用数学的文化观，强调数学家群体、数学教育活动的文化——社会特征，把数学看作是一种动态的、相对的理论构造的逻辑体系，从语言、问题、论证、思维活动等方面展开数学的教育活动。

### （二）数学文化观使我们从人类文化的层面理解数学文化的中西方差异

人类文化学认为文化有三个层面：（1）文化的精神层面，它包含心理、思维、观念等；（2）文化的社会层面，它包含规则、风俗、生活制度等；（3）文化的物质层面，它包含生产工具、生活用具、技艺和操作方法等。

对于中国数学教育而言，数学文化观提供给我们的不仅是模仿西方展开数学教育的活动形式，更为重要的是，数学文化观使我们从人类文化的层面理解了数学作为一种文化在中西方文化中的差异。

中西文方化形成了各自不同的文化心理和价值观念，数学作为一种文化显然受中西方文化中不同的文化心理和价值观念支配。在数学文化的学习和运用中，寻找中国儒家文化与西方基督教文化在数学这个文化子系统中存在的文化心理与价值观念的差异，并由这个差异来说明和指导中国数学教育活动的开展，这是数学文化观对中国数学教育界的理论指向所在。数学文化观的最基本的理论在于它的文化层面的分析，即它强调不同民族、不同地域文化所具有的数学文化的差异。数学作为一种文化系统，它在教育意义上强调的是由此展开的数学教育的内容和方式应当根据中西方文化的不同文化心理和价值观念有所不同。因此可以认为，数学文化观在中国数学教育领域中，应当首先（或者说主要）解决如下两个问题：其一，关于数学文化的中西方差异的研究（表象的存在形式、目前的影响等）；其二，关于中西方数学教育存在的文化心理和价值观念的研究（深层的文化因素、价值观念的形成等）。

从文化的层面考察，通过对中西方数学文化的差异分析，认为西方的数学处于文化系统的精神层面并影响着整个文化系统，即西方数学处于文化系统的主导层面。而中国的古代数学处于文化系统的应用、技艺层面，属于文化系统的从动层面。中西方数学在各自文化系统中存在的差异，为中国数学文化史和中国数学教育的研究提供了文化学（文化传统）方面的独特的思考空间。

在数学教育的历史考察中，由于中西方数学文化存在的文化层面的差异，客观上就形成了不同的数学文化心理和数学价值取向。

# 第二节　数学文化的三种形态

## 一、数学文化的三种形态

数学文化有三种形态：学术形态、课程形态和教育形态。下面对这三种形态数学文化的内涵、特征做简要概述。

### （一）学术形态的数学文化

**1. 学术形态数学文化的内涵**

学术形态的数学文化来自数学家群体，是指这个群体在从事数学研究活动中表现出来的优秀品质，而这些优秀品质对人类社会的进步和发展以及人的素质的提高具有重要的作用。

学术形态的数学文化是以数学为载体而产生的特殊的人类文化表现形式，是通过对数学科学本体性知识的生产和运用而表现出来的人类文化表现形式。

许多研究者提出的数学文化概念都是这一形态的表现，大多数数学家提出的数学文化概念都属于这一范畴。学术形态的数学文化的内涵已成为一些研究者关注的焦点，综合各种观点，其研究的视角大致可分人类文化学、数学活动、数学史三个维度。这样就从数学对象的人为性、数学活动的整体性、数学发展的历史性三个不同层次上指出了数学文化的意义。

例如，数学是一种文化。文化有广义、狭义之分。广义的文化是相对自然界而言的，是指人类的一切活动所创造的非自然的事物和对象。狭义的文化，则是指人类的精神生活领域。数学是人类文化的重要组成部分，是独特的而又自成体系的一种文化形态。

又如，数学文化作为人类基本的文化活动之一，与人类整体文化血肉相连，在现代意义下，数学文化作为一种基本的文化形态，是属于科学文化范畴的；从系统的观点看，数学文化可以表述为以数学科学体系为核心，以数学的思想、精神、知识、方法、技术、理论等所辐射的相关文化领域为有机组成部分的一个具有强大精神与物质功能的动态系统。

再如，现代数学已经发展为一种超越民族和地域的文化。数学文化是由知识性成分（数学知识）和观念性成分（数学观念系统）组成的。它们都是数学思维活动的创造物。数学家在创造数学文化的同时，也在创造和改造着自身。在长期的数学活动中形成了具有鲜明特征的共同的生活方式（这种生活方式是由数学观念成分所制约的），并形成了一个相对固定的文化群体——数学共同体（数学文化的主体）。《全日制义务教育数学课程标准》指出：“数学是人类的一种文化，它的内容、思想、方法和语言是现代文明的重要组成部分。”《普通高中数学课程标准（实验）》解读中提到：“一般说来，数学文化表现为在数学的起源、发展、完善和应用的过程中体现出的对于人类发展具有重大影响的方面。它既包括对于人的观念、思想和思维方式的一种潜移默化的作用，对于人的思维的训练功能和发展人的创造性思维的功能，也包括在人类认识和发展数学的过程中体现出来的探索和进取的精神及所能达到的崇高境界等。”

郑强等从社会学视角提出的数学文化概念也属于学术形态数学文化概念的范畴：“考虑到数学文化的整个形成过程，我们借用‘群体’以及‘意义网络’两个社会学基本概念，将数学文化界定为：数学文化是由数学家群体在认识数学世界和相互交往中自觉形成的一种相对独立、相对稳定的社会意义网络。处在这个意义网络中的有数学研究者、数学语言符号、数学的思想方法、研究成果、精神与价值观念及其共享群体。这里，数学共同体是由数学研究者组成的特殊社会群体，是数学文化的创造主体；数学语言符号是用于数学共同体内部相互间的交往以及成果的表达工具；数学思想方法是数学工作者在研究过程中所借助的，并导致了成果的思想方法和研究方法；研究成果是数学的理论、实验和实践性产品；共享群体是数学文化所辐射的广泛人类群体也是数学文化的受用主体。”

### 2. 学术形态数学文化的特征

《普通高中数学课程标准（实验）》解读认为，数学的抽象性和形式化的特点是数学文化的重要特征；数学的严密性也是数学具有很强文化性的重要特征；数学在应用方面的广泛性是数学文化的重要特征。

也有人认为，学术形态数学文化的特征应包括如下几个方面：

①数学文化是传播人类思想的一种基本方式。数学语言作为人类语言的一种高级形态，是一种世界语言。②数学文化是衡量自然、社会、人之间相互关系的一个重要尺度。③数学文化是一个动态的、充满活力的科学生物。④数学知识具有较高的确定性，数学文化具有相对的稳定性和连续性。⑤数学文化是一个包含着自然真理在内的、具有多重真理性的真理体系。⑥数学文化是一个以理性认识为主体的、具有强烈认识功能的思想结构。⑦数学文化是一个由其各分支的基本观点、思想方法交叉组合构成的、具有丰富内容和强烈应用价值的技术系统。⑧数学文化是一门具有自身独特美学特征、功能与结构的美学分支。

以上论及的这些范畴都属于学术形态数学文化的特征，这些观点都是从数学的学科视角或者是从人类文化学的视角提出来的，是这些特征的共同基础。这一共同基础涉及的社会群体主要是数学家群体。

### 3. 学术形态数学文化概念的提出及意义

学术形态数学文化概念的提出不仅能充分发挥数学知识的载体在人类社会活动中的作用，反映了数学家群体所特有的共性文化特征，而且使得数学文化成为一个专门的研究领域，进一步加快了数学文化科学理论化的步伐。

学术形态数学文化概念提出的意义不仅在于能充分发挥数学知识载体的作用，而且能汲取具有这些特长的数学家身上的优秀品质。同时从学术的视角来审视数学文化这一领域，更突出了数学文化向专门化、科学化和规范化发展的必然趋势。

## （二）课程形态的数学文化

### 1. 课程形态数学文化的内涵

学术形态数学文化概念的提出使数学文化走向科学化、专门化，这就使数学文化发展为一门理论或者学科成为必然了。

什么是课程形态的数学文化呢？郑强说："作为课程形态的数学文化，我们认为，它应反映数学文化研究的成果，从可操作的实践层面，为数学文化教育价值的实现奠定基础；它应从哲学的层次，用通俗的语言，表达深刻的数学思想观念系统，并以一定的形式呈现给学习者。""作为课程形态的数学文化的外延应包括数学史的知识；反映数学家的求真、求善、求美、智慧、创新、理智、勤奋、自强、理性、探索精神等的故事；反映数学重要概念的产生、发展过程及其本质；可以向数学应用方向扩展的重要数学概念、数学思想、数学方法，如对称、直观与理性、函数概念、时间与空间、小概率事件等；数学的思维和处理问题的方式；数学科学对人类社会和经济发展的巨大作用的体现等。"

由此可见，课程形态的数学文化是把学术形态数学文化的研究成果"吸收"到教育领域来，其根本目的在于育人，在于如何使数学科学中的人文性在育人中发挥作用。

### 2. 课程形态数学文化的特征

课程形态的数学文化的特征不仅包括学术形态的数学文化的特征，而且还具有如下的特征：

①具有课程化的特征。这主要是指这种形态的数学文化便于传承，而且可操作性强，易于实施。

②具有直接反映数学本质的特征。这主要是指这种形态的数学文化是从数学史、数学哲学及人类文化学的宏观角度来体现数学的，而这恰恰是反映数学本质的重要形式，一个典型的例子是数学公理化方法的呈现。初等数学新课程倡导的方式正体现了此特征，传统课程采用的方式则把数学公理化方法"淹没"在证明与计算的"海洋"里，从而失去了认识数学本质的机会。

③具有多元化的特征。主要表现为既关注数学的发展，又关注数学研究者。数学的发展既包括基础数学的发展，又包括数学应用方向的开拓及其对人类社会发展的重大影响和作用，还包括数学哲学层次的认识和发展。关注数学研究者既要关注研究者个体，又要关注研究者整体，即数学共同体。

④具有便于学习者体验的特征。课程形态的数学文化不仅顾及科学的数学，还顾及人文的数学，即学习者的体验、情感态度和价值观等。

#### 3. 课程形态数学文化概念的提出及意义

课程形态数学文化概念提出的着眼点在于如何将学术形态的数学文化落实到教育教学活动中，是一种对学术形态的数学文化的教育实施的规划和设计，同时也包含数学文化价值在数学教育教学活动中的实现程度。

从某种角度讲，课程形态数学文化概念提出的意义在于对学术形态的数学文化研究成果的利用，课程形态数学文化是一种从教育的视角来审视和规划、实施与设计形态的数学文化。通过这种审视，能够进一步发现数学科学教育方面的价值，特别是可能对学生的非智力因素方面的发展具有重要的意义。

课程形态数学文化涉及的群体主要是数学教育研究者，因为数学教育研究者是数学课程的主要设计者。

### （三）教育形态的数学文化

#### 1. 教育形态数学文化的内涵

什么是教育形态的数学文化呢？郑强等认为："按照社会学家关于文化是一种意义网络的观点，教育形态数学文化就是将数学学习者社会化到数学文化这一意义网络之中的文化活动。社会化的结果是学生能运用数学的语言、数学方法及数学思维与数学的科学态度，在数学文化的意义网络中自由交往，从而逐渐使数学文化所承载的文化精神根植于学习者的头脑和社会整体文化中。"教育形态的数学文化重在强调教育的社会化功能，强调从更广泛的传播学的视角来探讨数学文化的本质。

#### 2. 教育形态数学文化的特征

郑强等认为："教育形态的数学文化是运用教育学的方式加工了的，易被学生体验、感悟和接受的数学文化，是活化了的数学文化。学生处于教育形态的数学文化之中，能充分感受和体验到数学文化的魅力和数学的博大精深，能自觉地接受数学文化的感染和熏陶，产生文化的共鸣，体会到数学文化的品位和数学的人文精神。数学是人创造的，必然打上社会的烙印。"

由此可见，教育形态的数学文化的特征在于活化和运用教育学的方式的加工。这种形态的数学文化进一步把数学文化的学术形态与学习者相结合。教育形态的数学文化应该区别于具有学术形态的数学文化。数学教学既要讲推理，更要讲道理。这些道理中就包括数学文化底蕴。

举一个例子，平面几何课程里有"对顶角相等"，这是一眼就可看出其正确性的命题。教学的主要目的不是掌握这一事实本身，而是要了解为什么古希腊人要证明这样显然正确的命题，为什么中国古代算学没有"对顶角相等"的定理，这一命题理性思维的价值在哪里，若能联系古希腊的历史政治背景加以剖析，则有更深刻的文化韵味。反之，如果依样画葫芦，只是"因为""所以"的在黑板上把教材上的证明重抄一遍，那就是"文而不化"，没有文化味了。

**3. 教育形态数学文化概念的提出及意义**

从某种意义上讲，教育是一种社会化活动，教育形态的数学文化这一概念就是在数学科学对人的影响下从社会学和传播学的角度提出的。

教育形态的数学文化这一概念的提出为学术形态的数学文化的研究提供了新的视角，同时丰富了课程形态的数学文化这一概念。

教育形态的数学文化涉及的主要群体是教师和学生，因为教师和学生是数学教学活动的参与者。

## 二、数学教育文化

数学文化作为一门科学研究的对象，它是随着人们对其认识的不断加深而进一步得到强化和重视的。通过对数学文化研究的进一步分析和研究，文化视野下数学教育理论研究的重要概念——数学教育文化的概念被提出。

### （一）数学教育文化概念

三种形态数学文化概念的提出，其共性就是从文化的视角来看数学科学的理论、数学的研究活动和数学教育教学的活动。在此基础上，提出文化视野下数学教育理论研究的重要概念——数学教育文化的概念，把学术形态的数学文化、课程形态的数学文化和教育形态的数学文化三个概念作为数学教育文化的基础概念。学术形态的数学文化是一种处于萌芽状态的数学教育文化，课程形态的数学文化是一种教育价值实现视角的数学教育文化，教育形态的数学文化是一种强调数学教育文化动态传播过程的数学教育文化。

从社会群体的角度来看，数学教育文化概念涉及三个社会群体：一是数学家群体；二是数学教育研究者群体；三是教师和学生群体。这三个群体是数学教育文化的主要群体。

### （二）数学教育文化观

数学教育文化观是在数学教育文化概念的基础上提出的，它是一种数学教育文化价值观的表现形式，是文化视野下数学教育理论研究的重要内容。它不是从数学科学的学术角度考虑数学教育教学的价值，而是重在从育人或者大众化的文化角度来考虑数学教育教学的价值问题。数学教育文化观的形成是一个长期的过程，其内容也在这一过程中逐步形成。

数学教育文化观的内容主要表现在数学家群体的数学研究活动、数学教育研究者群体的数学教育研究活动以及教师和学生群体的数学教育教学和学习活动的过程中。

# 第三节　数学文化的学科体系

既然数学文化是一门学科，自然就有它的学科体系。那么，数学文化的框架结构或者说它的支撑点是什么呢？美国文化学家克罗伯（A.Kroeber）和克拉克洪（C.Kluckhonn）对文化的界定，对我们研究数学文化学科体系有启迪作用。他们认为文化由外显的和内隐的行为模式构成，这种行为模式通过象征符号获得和传递；文化代表了人类群体的显著成就，包括它们在制造器物中的体现；文化的核心部分是传统的观点，尤其是它所带的价值；文化体系一方面可以看作是活动的产物，另一方面是进一步活动的决定因素。显然，按上述理解，文化的概念是与社会活动、人类群体、行为模式、传统观点等概念密切相关的。因此，数学文化的学科体系包括现实原型、概念定义、模式结构，三者缺一不可，我们称现实原型、概念定义、模式结构为数学文化学的三元结构。

## 一、现实原型

数学起源于现实世界，现实世界中人与自然之间的诸多问题就是数学对象的现实原型。没有现实世界的社会活动，就没有数学文化。人们通过对现实原型的大量观察与了解，借助于经验的发展以及逻辑的非逻辑手段抽象成数学概念（定义或公理）。麦克莱恩（S.Machane）在其著作《数学：形式与功能》中，列举了经过15种活动产生的数学概念。显然这个过程为由活动上升为观念，再抽象为数学概念（如表2-1所示）。

表2-1　人类活动与数学概念

| 活动 | 观念 | 概念 |
|---|---|---|
| 收集 | 集体 | （元素的）集合 |
| 数数 | 下一个 | 后继、次序、序数 |
| 比较 | 计数 | 对应、基数 |
| 计算 | 数的结合 | 加法、乘法规则、阿贝尔群 |
| 重排 | 置换 | 双射、置换群 |
| 计时 | 先后 | 线性顺序 |
| 观察 | 对称 | 变换群 |
| 建筑赋形 | 图形、对称 | 点集 |
| 测量 | 距离、广度 | 度量空间 |
| 移动 | 变化 | 刚性运动、变换群、变化率 |
| 估计 | 逼近、附近 | 连续性、极限、拓扑、空间 |
| 挑选 | 部分 | 子集、布尔代数 |
| 论证 | 证明 | 逻辑连词 |
| 选择 | 机会 | 概率（有利 / 全部〉 |
| 相继行动 | 接续 | 结合、变换群 |

可见，数学概念来源于经验。如果一门数学学科远离它的经验来源，沿着远离根源的方向一直持续展开下去，并且分割成多种无意义的分支，那么这一学科将变成一种烦琐的资料堆积。正如冯·诺伊曼在《论数学》一文中所说："远离经验来源，一直处于'抽象'近亲交配之中，一门数学学科将有退化的危险。"

## 二、概念定义

数学概念的形成是人们对客观世界认识的科学性的具体体现。麦克莱恩把人类活动直接导致的数学学科也列了一个表，如表 2-2 所示。

表 2-2　人类活动与数学学科

| 人类活动 | 数学学科 |
|---|---|
| 计数 | 算术和数论 |
| 形状 | 实数、演算、分析 |
| 度量 | 几何学、拓扑学 |
| 造型（如在建筑学中） | 对称性、群论 |
| 估计 | 概率、测度论、统计学 |
| 运动 | 力学、微积分、动力学 |
| 计算 | 代数、数值分析 |
| 证明 | 逻辑 |
| 谜题 | 组合论、数论 |
| 分组 | 集合论、组合论 |

显然，我们有理由认为数学起源于人类各种不同的实践活动，再通过抽象成为数学概念。而数学抽象是一种建构的活动。一方面概念的产生相对于（可能的）现实原型而言往往都包含一个理想化、简单化和精确化的过程。例如，几何概念中的点、直线都是理想化的产物，因为在现实世界中不可能找到没有大小的点、没有宽度的直线。同时，数学抽象又是借助于明确的定义建构的。具体地说，最为基本的原始概念是借助于相应的公理（或公理组）隐蔽地得到定义的，派生概念则是借助于已有的概念明显地得到定义的。也正是由于数学概念的形式建构的特性，相对于可能的现实原型而言，通过数学抽象所形成的数学概念（和理论）就具有更为普遍的意义，它们所反映的已不是某一特定事物或现象的量性特征，而是一类事物在量的方面的共同特性。

另一方面，数学抽象未必是从真实事物或现象直接去进行抽象，也可以以已经得到建构的数学模式为原型，再间接地加以抽象。正如美国当代著名数学家斯蒂恩（L.Steen）所说："数学是模式的科学，数学家们寻求存在于数量、空间、科学、计算机乃至想象之中的模式……模式提示了别的模式，并常常导致了模式的模式。正是以这种方式，数学遵循着自身的逻辑：以源于科学的模式为出发点，并通过补充所有的由先前模式导出的模式使这种图像更加完备。"

## 三、模式结构

斯蒂恩的上述言论也揭示了数学主要研究理想化的量化模式。

这个观点至少可追溯到20世纪50年代前英国哲学家怀特海在以“数学与善”为题的一次著名讲演中的看法。一般说来，数学模式指的就是按照某种理想化要求（或实际可应用的标准）来反映或概括地表现一类或一种事物关系结构的数学形式。当然，凡是数学模式在概念上都必须具有一意性、精确性和一定条件下的普适性以及逻辑上的演绎性。

例如常常说数学的实在即文化，而实在就要涉及数学模式的客观真实性和实践性（实际可应用性）等问题。

数学模式的客观性可从两个不同的角度来考察：首先，合理的数学模式应该是一种具有真实背景的抽象物，而且完成模式构造的抽象过程是遵循科学抽象的规律的。因此，我们应该肯定数学模式在其内容来源上的客观性。其次，数学模式往往是创造性思维的产物，但是它们一旦得到了明确的构造，就立即获得了“相对独立性”，这种模式的客观性可以叫作“形式客观性”。基于上述两种“客观性”的区分，我们引进两个不同的数学真理性概念：第一，现实真理性。这是指数学理论是对于现实世界量性规律性的正确反映。第二，模式真理性。这是指数学理论决定了一个确定的数学结构模式，而所说的理论就其直接形式而言就可被看成关于这一数学结构的真理。一般说来，数学的模式真理性与现实真理性往往是一致的。这是因为作为数学概念产生器（反应器）的人类的大脑原是物质组织的最高形式，再加之数学工作者的思维方式总是遵循着具有客观性的逻辑规律来进行的，因此思维的产物——数学模式与被反映的外界（物质世界中的关系结构形式）往往是一致的，而不能是相互矛盾的。

# 第四节　数学的文化价值

数学极其重要的价值体现在数学为社会发展和人类文明进步提供动力，以及许多基础学科、工程技术和整个社会日益增长的数学化需求上。在这一过程中数学文化的价值表现在：

第一，数学文化是传播人类思想的一种基本方式，数学语言在其漫长的发展历程中体现出统一的趋势。作为一种科学语言，数学语言是跨越历史、跨越时空的，数学语言逐渐演变成一种世界语言。

第二，数学文化是自然、社会、人之间相互关系的一个重要尺度。现代社会发展的一个基本特征是人与自然的关系不再是简单和直接的，而是需要借助于强大的社会生产力。社会系统日益复杂和发达，科学的管理尤为重要，要解决诸如人口过快增长、资源合理配置、可持续发展、生态平衡、环境保护等问题，数学是必不可少的理论工具。随着数学从传统的自然科学分类中独立出来，以及数学思想方法在人文社会科学研究中的广泛应用，从量化和模式化的角度看数学已成为连接自然科学与社会科学的一条纽带。

第三，数学文化是一个动态的充满活力的科学生物。数学作为相对独立的知识体系，其基本特点是抽象性、统一性、严谨性、形式化、模型化、广泛的应用性和高度的渗透性。数学研究的对象是一个动态的概念体系。它随着数学在不同历史时期的发展而被赋予逐步变化、越来越丰富深刻的特征。数学的抽象性作为数学认识的出发点，是数学成为一门科学的标志。随着数学认识的深化，数学的严谨性和形式化水平越来越高，数学的不同分支不断扩大，数学被赋予更多的内在统一性。自 20 世纪末以来，数学方法在各门科学中的应用性日益扩大，数学思想也广泛渗透于人类不同的文化领域中，数学模型成为连接抽象理论与现实世界的桥梁，数学显示出其前所未有的世界文化风采。

第四，数学知识具有较高的确定性，因而数学文化具有相对的稳定性和连续性，数学是人类对于知识确定性信仰的一个重要来源。

第五，数学文化是一个包含着自然真理在内的具有多重真理性的真理体系。

第六，数学文化是一个以理性认识为主体的具有强烈认知功能的思想结构。数学是孕育理性主义思想的一个摇篮，是人类向自然发问、寻求自然规律的工具，是开创近代科学的坚实理论基础之一，是科学最终击败巫术、占星术、占卜神学等非科学自然观的有力武器。数学作为理性主义的典范，其思维活动体现了理性思维的精髓。数学思维不仅包括逻辑思维，还包括直觉思维和潜意识思维。思维的不同类型的精妙绝伦的匹配和组合，不仅构成了数学思维的精髓，而且是一切科学思维的本质特征。

第七，数学文化是一个由其各个分支的基本观点、思想方法交叉组合构成的具有丰富内容和强烈应用价值的技术系统。在信息社会，数学的方法论性质也产生了变迁，从传统的以推理论证为主的研究范式，逐步扩展为包括计算机实验在内的新型研究方法。数学除了其基础理论日益渗透多学科之外，随着数学方法在多学科领域的拓展，特别是与计算方法有关的数学方法的广泛应用，数学越来越呈现出其高技术的特点。

第八，数学文化是一门具有自身独特美学特征功能与结构的美学分支。

数学的文化价值体现在对整个民族理性精神的形成以及人们形成良好思维习惯的重要作用。具体地说，数学的文化价值可以从宏观和微观两个角度加以分析：宏观上，数学对整个民族理性精神的形成有着重要作用；微观上，数学对人们形成良好的思维习惯有着重要作用。

## 一、数学的文化价值体现在形成民族理性精神

理性精神对一个民族的生存与发展特别重要，它集中体现了人们对于外部的客观世界与自身的总体性看法或基本态度。数学在理性精神的形成和发展过程中起着重要作用。数

学理性的内涵包括以下几个方面：

### （一）主客体的严格区分

主客体的严格区分，就是在自然界的研究中应当采取纯客观的理智态度，不应掺杂任何主观的、情感的成分。客体化的研究立场是数学研究的特征。也就是说，尽管数学的研究对象不是现实世界中的真实存在，而只是抽象思维的产物，但在数学研究中，应采取客观的立场，即应当把数学对象看成是一种不依赖于人类的独立存在，并通过严格的逻辑分析去揭示其固有的性质和相互关系。主客体的严格区分，就是承认一个独立的、不以人们意志为转移的客观世界的存在，这是自然科学研究的一个必要前提。

### （二）对自然界的研究是精确的、定量的

对自然界的研究应当是精确的、定量的，而不应是含糊的、直觉的，这一基本思想是数学理性的核心。它不仅揭示了科学研究的基本方法，也表明了科学研究的基本目标，即要揭示自然界内在的规律。这一基本思想具体来讲即为自然界是有规律的，这些规律是可以认识的。数学给予精密的自然科学某种程度的可靠性，没有数学，这些科学是达不到这种可靠性的。

精确的、定量的研究是客观性的标志，据此可以对物质的属性做出第一性质和第二性质的区分：凡是能定量地确定的性质是物质所真实具有的，是第一性质；凡是不能定量地确定的性质则并非物质所固有的，而只是由主体赋予它们的，是第二性质。当知识通过感官被直接提供给心灵时，是模糊、混乱和矛盾的，从而也就是不可靠的；与此相反，真实世界事实上只是量的特征的世界，只有从量的角度去从事研究，我们才能获得确定无疑、永远为真的知识。因此，自然科学的研究就应该严格限制于第一性质的范围，即应当局限于那些可测量、并可定量地予以研究的东西。尽管关于第一性质与第二性质的区分有着明显的局限性，但这是对科学研究对象首次严格地界定，因而有重要的历史意义。

### （三）批判的精神和开放的头脑

批判的精神实质上表明了一种真理观，即任何权威或者自身的强烈的信念，都不能被看成判断真理性的可靠依据；一切真理都必须接受理性法庭的裁决；在未能得到理性的批准以前，我们应对一切所谓的“真理”持严格的批判态度。批判的精神是理性精神的一个重要内涵。

数学在批判的精神的逐步形成和不断壮大的过程中发挥了很大的作用：首先，从古希腊到近代欧洲，数学一直被视为真理的典范。其次，从更深的层次看，数学又可以说是为人们的认知活动提供了必要的信心，从而不至于因普遍的批判而倒向怀疑主义和虚无主义。最后，从历史的角度看数学的贡献，正如 M. 克莱因所说：“在各种哲学系统纷纷瓦解、神学上的信念受人怀疑以及伦理道德变化无常的情况下，数学是唯一被大家公认的真理体

系。数学知识是确定无疑的，它给人们在沼泽地上提供了一个稳妥的立足点。”

数学作为一种“看不见的文化”，对于人们养成批判的精神的影响还在于批判的精神是由人们的求知欲望直接决定的，因此在对真理的探索过程中应始终保持头脑的开放性，即如果当一个假说或理论已经被证明是错误的，那么，无论自己先前曾有过怎样强烈的信念认为其正确，现在都应与之划清界限；反之，如果一个假说或理论已经得到了理性的确证，那么，无论自己先前曾对此具有怎样的反感，现在都应当自觉地去接受这一真理。

从思维发展的角度看，头脑的开放性与强烈的进取心直接相联系，它与批判的精神更有着互相补充、相辅相成的密切关系。

### （四）抽象的、超验的思维取向

抽象的、超验的思维取向是指我们应当努力超越直观经验并通过抽象思维达到对于事物本质和普遍规律的认识。在数学中，抽象的、超验的思维取向有最典型的表现数学作为“模式的科学”，不是对于真实事物或现象的直接研究，而是以抽象思维的产物，即量化模式，作为直接的研究对象；数学规律反映的不是个别事物或现象的量性特征，而是一类事物或现象的共同性质。对于普遍性的追求也就成了科学家们的共同目标。

## 二、数学的文化价值体现在形成人们良好的思维习惯方面

数学对于人们养成良好的思维习惯有着十分重要的意义，特别是人们的一些思维模式或研究思想，或是直接源于数学，或是在数学研究中有着最为典型的表现。更重要的是，这些思维模式或研究思想又都在数学以外产生了广泛的影响并取得成功的应用。这些思维模式或研究思想体现在以下几个方面：

### （一）数学化的思想

所谓数学化，是指如何由实际问题去建构出它的数学模型，并应用数学知识和方法以求得问题的解决。

数学化的过程直接关系到数学的实际应用，从更深层次看，数学化的过程涉及一些十分重要的思维方法或研究思想：由定量到定性的研究思想以及简化和理想化的思想。

第一，由定量到定性的研究思想是指，在对事物或现象进行研究时，应当尽可能地用数学的概念去对对象做出刻画，并通过数学的研究去揭示其内在的规律。定量分析方法的应用在现今已不再局限于物理学、化学等自然科学，而是进一步扩展到人文科学和社会科学的范围，数学的应用不存在任何绝对的界限，这点由经典数学发展到统计学、由精确数学发展到模糊数学可以清楚地看出。由于精确性一直被看成数学的主要特点之一，因而在很长时期内人们就一直认为数学对于模糊事物和现象的研究是无能为力的，但是数学的现代发展，具体地说，由美国控制论专家查德（L.Zadeh）率先发展的模糊数学又突破了这

一历史的局限性。

第二，相对于实际问题，数学化的过程必然包含一定的简化和理想化，即在数学模型的建构过程中我们应当集中于具有关键作用的量和关系。牛顿关于天体运动的研究就对研究对象做了极大的简化，即假设太阳自身是不动的，且太阳和相关的行星都可被看成数学上的点，其他行星对这一行星的引力以及这一行星对于太阳的引力则是微不足道的。必要的简化是科学研究能够顺利进行的一个必要条件，数学世界只是真实世界的一个简化了的模型。至于说理想化，社会科学研究中“理想人”的概念就是一个理想化的例子。具体来说，统计表明，尽管每个具体的个人在智力、体力等方面可能存在差别，但整体上人类所有特征又都呈现出正态分布现象。因此，通过理想化，即以数学为工具的理想化创造一个“理想人”的概念：以各分布曲线的平均值为特征值。

## （二）公理化的思想

所谓公理化，是指在理论的组织中应当用尽可能少的概念和命题作为必要的基础，并通过明确的定义和逻辑推理来建立演绎的体系。公理化作为一种组织形式，涉及诸多命题和概念间的逻辑联系，从而包含了由个别向整体的过渡，因此，相对于数学化，公理化的思想达到更高的抽象层次。

公理化过程是将研究对象由个别的命题和概念扩展到相应的集合，并能清楚地揭示概念和命题之间的逻辑关系，因此，公理化常常被看成是对理论进行整理和进行表述的最好形式。正如爱因斯坦所说：“一切科学的伟大目标，即要从尽可能少的假说或者公理出发，通过逻辑的演绎，概括尽可能多的经验事实。”

数学的公理化思想的影响已经超出自然科学的范围，扩大到政治学、伦理学、经济学等各个方面，各个领域的学者都试图建立公理化的理论体系，代表著作有洛克的《人类理性论》、杰文斯的《政治经济学理论》、瓦尔拉斯的《纯粹经济学要义》、斯宾诺莎的《伦理学》、穆勒的《人性分析》等。希尔伯特说：“在一个理论的建立一旦成熟时，就开始服从于公理化方法，……通过突出进到公理的更深层次……我们能够获得科学思维的更深入的洞察力，并弄清我们的真实的统一性。”

## （三）思维的自由想象与创造

数学作为“模式的科学”，是以抽象思维的产物作为直接的研究对象的，这就为思维的自由创造提供了可能性。现代数学发展的决定性特点是其研究对象的极大扩展，即由具有明显现实背景的量化模式扩展到可能的量化模式，也即在一定的限度内，可以单纯凭借思维的自由想象与创造去构造出各种可能的量化模式，因此说，数学为人类创造性才能的充分发挥提供了最为理想的场所。

庞加莱认为数学科学是人类精神从外界借取的东西最少的创造物之一，数学是一种活动，在这种活动中，人类精神起着作用，或者似乎只是自行起着作用和按照自己的意志起着作用。在现代科学研究中，理论科学家在探索理论时，就不得不越来越听从纯粹数学的、形式的考虑，即“能够用纯粹数学的构造来发现概念以及把这些概念联系起来的定律，这些概念和定律是理解自然现象的钥匙”（爱因斯坦）。

数学创造并不是用已知的数学实体做出新的组合，而在于通过识别、选择作有用的为数极少的组合，审美感在这种选择中发挥了核心作用。因此，数学审美在数学创造中起核心作用。科学家们对于数学美的追求往往反映了他们对于简单性和统一性的追求。

### （四）解决问题的艺术

问题解决，即如何综合地、创造性地应用已掌握的知识和方法去解决各种非常规的问题，它构成了数学活动（包括数学研究和数学学习）的一个基本形式。从这个意义上讲，数学是解决问题的艺术。正是通过解决问题的实践，数学家们逐渐发展起来一整套十分有效的解题策略，这些策略不仅可以被用于数学内部，而且可以被广泛地用于人类实践活动的各个领域。

在人类的历史发展过程中，人们曾希望能找到这样一种方法，用之即可有效地从事发明创造或成功地解决一切问题，即关于数学发现方法的研究。笛卡尔曾提出过“万能方法”：把任何问题转化成数学问题；把任何数学问题转化成代数问题；把任何代数问题归结为解方程。显然，“万能方法”是不存在的。但是，波利亚说：“各种各样的规则还是有的，诸如行为准则、格言、指南，等等。这些都还是有用的。”即可以通过已有的成功实践，包括对于解题过程的深入研究，总结出一般性的思维方法或模式，对新的实践活动起到重要的启发和指导作用。因此，波利亚就把所说的行为准则、格言和指南等统称为“启发性法则”。并且，波利亚在其著作中先后提出这样一些启发性的模式和方法：分解与组合、笛卡尔模式、递归模式、叠加模式、特殊化方法、一般化方法、从后向前推、设立次目标、合情推理的模式（归纳与类比）、画图法、看着未知数、回到定义去、考虑相关的问题、对问题进行变形，等等。

除了具体的解题策略以外，数学对于提高人们的元认知水平以及培养人们提出问题的能力也有着十分重要的意义。

# 第三章　数学教育与数学文化

## 第一节　数学教育观的概述

随着全球范围内以课程为抓手的数学教育改革热潮的兴起，传统的基础数学教育受到众多数学教育家的贬议。他们认为，数学教育从根本上讲，已经不再是单纯的理论知识的传授，而是一种涉及智力和非智力因素的综合教育。数学教育不等于用数学知识加例子来说明，而是涉及文化、心理、环境、情感、意志以及结构、实验、评价、诊断、认知、美学和德育等诸多因素的多维立体教育。本节介绍一些当代数学教育家关于数学教育的主要论述和历代数学家的观点，希冀对目前我国数学教育的再思考有所裨益。

### 一、数学文化观

国外越来越多的数学教育家持一种“数学文化是人类文化的重要组成部分”的观点。美国著名数学教育家 M. 克莱因的《西方文化中的数学》的出版和曾任美国数学学会主席的 L. 怀尔德的《作为一种文化体系的数学》的推出，均表明数学文化开始受到数学家的更多关注。数学发展史和人类发展史表明，数学一直是人类文明中主要的文化力量，它与人类文化休戚相关，在不同时代、不同文化中，这种力量的大小有所变化。有学者研究认为，数学文化，除了具有文化的某些普遍特征外，还具有如下特征：（1）数学文化及其历史以其独特的思想体系保留并记录了人类在特定社会形式和特定历史阶段文化发展的状态。数学文化是传播人类思想的一种基本方式。（2）数学语言随着数学抽象性和严密性的发展，逐步演变成相对独立的语言系统，其特点是形式化与符号化、精确化与简洁化、通用化与现代化等。数学语言是人类所创造语言的高级形式。（3）数学文化是自然与社会相互联系的一种工具。（4）数学文化是一种延续的、积累的、不断进步的整体，其基本成分在某一特定时期具有相对不变的意义。数学文化具有相对的稳定性和延续性。（5）数学文化具有高度的渗透性和无限的发展可能性。数学文化以其独特性，已经渗透到人类文化的诸多领域，不仅改变着人类物质与精神生活的各个方面，同时还为物质文明与精神文明的建设提供了不断更新的理论、方法和技术手段。可见，从文化学意义上反思15世纪以来数学的发展，对数学的文化价值做进一步阐述，对我们弄清楚在数学课程中向学生强调哪些数学观以及使数学课程如何更好地反映数学的文化内涵有积极意义。

## 二、大众数学观

著名数学教育家G.波利亚认为，研究数学和从事数学教育的人仅占1%，使用数学的人占29%，而不用数学的人占70%，让99%的人陪1%的人去圆数学家梦，是数学教育的一大失误。近几十年来，数学教育要面向大众的呼声日渐高涨。1986年联合国教科文组织下发了“Mathematics for AU”的文件，“数学为大众”的口号迅速传播，现在正影响着全世界数学教育的发展方向，作为服务性学科的数学将以“科学的侍女”的身份显示其“科学女王”的尊贵。国际数学教育界提出了比较一致的看法是，数学课程应该照顾到各国，特别是发展中国家的国情，绝不能照搬西方的模式。印度尼西亚的埃里芬（A.Arifin）指出，每个国家都应根据自己的国情来设计本国的普及数学教育的水平。他建议在发展中国家应鼓励本国的数学家参与课程设计，因为他们最能理解他们所处的文化背景、社会的需要、民族的挑战和国家的希望，应该尽一切可能去传播他们所拥有的知识。在普及数学教育的过程中，让更多的人去了解数学的发展。

这给我们的启示是：大众数学是义务教育的基本精神在数学教育中的反映。义务教育意义下的数学教育与以往选拔、淘汰式的数学教育的根本区别就在于这一点。因此，表现在课程上，大众数学旨在建立一种在学生现实生活背景中可以发展起来、适应未来发展需要的新数学课程。表现在评价上，大众数学将促进人们形成这样的信念，即每个人都可以学习数学，而且能学好数学。而表现在教学上，与大众数学相应的教学策略是对问题解决和数学建模的探索。这种探索为我国探究大众数学的理论与实践开拓了新视野。

## 三、数学意义建构观

建构主义数学学习观是对传统数学教育思想的直接否定。该观点认为，数学学习并非是被动的知识接受过程，而必须充分肯定学习过程的创造（再创造）。在教学中应树立以学生为主的思想，让学生主动地进行探索、猜测、修正等。

建构主义数学学习观概括起来，大致有三点：

（1）将学生看成是主体，教师的主要任务就是创造环境，包括引起必要的概念冲突，提供适当的问题及实例促进学生反思，最终通过其主动的建构建立起新的认知结构。

（2）建构实质上是对什么是数学发现、什么是数学结构以及问题解决中的思维活动所做出的新的思考及分析。

（3）建构就是“适应”，并非“匹配”。一把钥匙开一把锁，称“匹配”；而“适应”指一把钥匙能开这把锁，还有无数把钥匙也能开这把锁。美国心理学家奥苏伯尔

（D.P.Ausubel）将学习分为有意义学习和机械学习、接受学习和发现学习。他认为学习是否有意义，在于学习发生的条件。只要学习者表现出一种意义学习的心向，即表现出一种把新学的材料同他已了解的知识建立非任意的、实质性联系的意向，而且学习任务对其具有潜在的意义，那么这种学习就是意义学习。

根据他的观点，学生应该用自己的语言解释新学的东西，以增强记忆。教师应该重视新知识在学生认知结构中的稳定性，并帮助学生将自己的认知结构与数学知识结构联系起来。

## 四、数学层次序列观

著名教育家加涅认为，数学学习任务可以层层分解为更简单的任务，复杂的数学学习可从被分解出的各项简单任务的学习开始。学习任务从简单到复杂有八个层次，分别是信号学习（刺激所引起的无意义学习）、刺激—反应学习（刺激引起的有意义学习）、形成链锁（将学会的东西连接成一个序列）、语言联想、辨别学习、概念学习、法则学习及问题求解。每一层的学习还要经历理解、获得、贮存、搜寻并恢复四个序列。根据加涅的观点，教师应设计出由易到难的学习序列和学习任务。例如，教“三角形”这个概念时，若学生已经会说“三角形”了，则重点在以下几点：举大量三角形的例子形成概括；举与三角形有关但本质不同的图形，如菱形、梯形等，增强学生的辨别意识；举不是三角形的图形，如扇形，加深学生对三角形概念的理解。因概念学习有赖于语言线索，故要让学生经常使用学到的概念，并要增加学生的词汇量及句型。

## 五、数学智力结构观

吉尔福特根据因素分析，提出智力是由三个变量决定的，它们是心理的操作（记忆、认知、评价、聚合、发散）、学习的内容（图形、符号、语义、行为）、学习的成果（单元、种类、关系、系统、转换、隐含）。三个变量各取一项便可构成 120 种智力状况。例如，处于“记忆”“图形”“单元”这种智力状况，表明能够记住看到的单个图形并作图。若能同时记住许多图形并作图，则达到“记忆”“图形”“种类”这一水平了。根据吉尔福特的观点，教师应该根据学生所处的智力水平，诊断影响学生数学学习的因素，并采取相应的措施。

## 六、数学实验活动观

著名数学家波利亚（Polya）指出，数学具有双重性，它既是一门系统的演绎科学，又是一门实验性的归纳科学。欧拉（Euler）说：“数学这门学科，需要观察，还需要实验。”拉普拉斯（LapUce）说：“甚至在数学里，发现真理的重要工具是归纳和类比。”就连大数学家高斯（Guass）也说：“我的许多发现都是靠归纳取得的。”数学家们认为在数学教学中，诸如归纳、猜想、类比等实验性的技术也应该受到重视。关于数学活动观，最有影响的有两个人，一个是苏联数学教育家斯托利亚尔，另一个是荷兰数学教育家弗赖登塔尔。前者认为数学教学应该是数学活动的教学，他指出数学活动包括三个方面：经验材料的数学化、数学材料的逻辑组织化、数学理论的应用。后者也认为数学教学以活动为基础，他提出数学教育的三大原则：数学现实原则、数学化原则、再创造原则。瑞士心理学家皮亚杰认为数学教学不应当教数学结论，而要展开数学活动。

## 七、数学情感育德观

数学这门学科本身就隐含着许多情感教育因素。阿尔布斯特说：“数学能唤醒热情而抑制急躁，净化灵魂而杜绝偏见和错误，数学的真理更益于青年人摒弃恶习。”16 世纪曾任伦敦市长兼数学教育家的比林利（Billingsley）说：“许多艺术都能净化心灵，却没有哪一门艺术能比数学更能净化心灵。”20 世纪欧洲一些知名的教育家还发现数学有制怒的作用，数学教育能使性格粗暴的人变得温顺起来。苏联的赞可夫说：“数学方法一旦触及学生的情绪及意志领域，这种数学方法就能发挥有效作用。”布卢姆（B.S.Bloom）在《教学评价》中指出：“认知可以改变情感，情感也能影响认知，学生成绩的差异的 1/4 可由个人情感特征加以说明。”美国数学教育界始终主张发展诸如兴趣、愿望、态度、鉴赏、价值观、义务感等特征是数学教育最重要的理想之一。

同时，国内外许多著名教育家都认为数学是进行德育的好教材。数学的育德意义分为内在的育德意义和外推的育德意义。内在的德育意义指数学本身表现出的概念的纯粹性、结构的协调性、语义的准确性、分类的完全性、计算的规范性、推理的严谨性、构造的能动性、技巧的灵活性等。这些特征反映在思维风格上，则以辩证、清晰、简约、深刻著称，数学对于完善人的精神及品德的作用显得更加突出。数学外推的育德意义则主要指从教材内容中挖掘的德育内涵。

总而言之，中小学数学教育，特别是义务教育阶段的数学教育，其基本出发点是促进学生全面、持续、和谐地发展。不仅要考虑数学自身的特点，更应遵循学生学习数学的心理规律，强调从学生已有的生活经验出发，让学生亲身经历将实际问题抽象成数学模型并进行解释和应用的过程，进而使学生在获得对数学知识理解的同时，在思维能力、情感态度与价值观等方面得到进一步发展。这就要求我们要以现代数学教育观的眼光来审视传统的中小学数学教学，赋予其新的内涵。

# 第二节 数学教育文化研究

## 一、数学教育研究的文化视角

### （一）数学教育的文化视角

由于数学教育研究具有多学科交叉和跨学科的性质，因此从学科关联的角度看，除了从教育学、心理学和教育心理学等学科去审视数学教育之外，还可以从文化视角认识数学教育的问题和本质。文化视角主要包括数学文化的哲学视角、数学文化的科学视角、数学文化的历史视角、数学文化的文化与社会视角。以下从这四个视角具体分析。

第一，数学文化的哲学视角，即从哲学的角度对于数学教育的认识。20 世纪 90 年代以来，相关研究开始有所突破，在国外有英国数学哲学家 P. 欧内斯特的《数学教育哲学》，国内有著名数学哲学家、数学教育家郑毓信教授的《数学教育哲学》，这些都是从哲学的高度透视数学教育本质与规律的开创性著作。

第二，数学文化的科学视角。数学作为一门系统化的、结构严谨的思想、知识、方法体系，本身就是科学知识的典范，相应地，数学精神也就是科学精神和理性精神的典范。数学与其他科学具有一种内在的关联。无论是自然科学还是人文社会科学，都与数学有着深刻而丰富的联系。科学的数学观对于中国的现代化和精神文明建设是尤为重要的。科学观念对于传统文化变革的意义也是深远的。相对看来，科学视角的数学观属于数学观的内部视角。

第三，数学文化的历史视角。著名法国数学家庞加莱说过："如果我们想要预见数学的将来，适当的途径是研究这门科学的历史和现状。"数学的历史性既是数学科学性演变的生动刻画，也是数学文化性和社会性的纵向表现形式。由于受到不同的社会、文化和历史形态的作用和影响，不同时代、不同民族的数学形态和数学观念也呈现不同的发展水平和特征。

第四，数学文化的文化与社会视角。数学除了是一门科学，还是一种文化。郑毓信教授阐述道："由于数学对象并非物质世界中的真实存在，而是人类抽象思维的产物，因此……数学就是一种文化。"除了文化性，数学还具有社会性。例如，数学知识在其建构过程中会不可避免地受到相应的数学共同体和社会性质的影响。文化与社会视角的数学观侧重于从数学作为一种社会文化现象，以及数学与其他人类文化的交互作用中探讨数学的文化本质和社会进化特征。数学观的文化与社会视角是比其科学视角更为广泛的透视数学的视角。

数学观的文化与社会视角还有助于弥补和克服片面的科学主义倾向的数学观的不足和弊端。

## （二）数学教育文化视角的相关概念

这里侧重对数学教育文化视角的若干重要概念进行初步的分析和考察。

### 1. 数学文化与后现代文化

后现代思潮是20世纪后半叶以来在西方社会中逐渐兴起的一种思想、文化和社会运动。关于“后现代”这一概念，据学者们考证，从语源学看，英国画家查普曼在1870年的个人画展中首先提出“后现代”油画的概念。德国的卢纳尔夫曾于1917年提出一般的“后现代”的称法。德国作家潘维兹在其《欧洲文化的危机》一书中也使用了“后现代”这一概念。著名历史学家汤因比在其《历史研究》这一名著中也有所提及。按照汤因比对西方历史的划分，从1875年开始，西方文明开始进入后现代。但上述学者在使用“后现代”一词时的意义均不尽相同。作为一种哲学思潮，后现代的许多思想可以追溯到尼采和海德格尔那里。而后现代作为一股强劲的文化潮流和哲学思想，应该是从20世纪60年代后期开始的。从哲学层面看，在各种对后现代观念的论述中，具有代表性的是法国哲学家利奥塔尔关于知识的报告。利奥塔尔明确地提出了后现代的基本观念和立场，指出元叙事或具有合法化功能的叙事是现代性的一个主要特征，借助于元叙事可以建立起一套自圆其说的、被赋予合理性的游戏规则和话语。而后现代文化的一个鲜明特征就是对元叙事的怀疑。随着元叙事走向衰亡，主体和社会领域的非中心化逐步成为后现代的主题。因此，利奥塔尔倡导抛弃绝对标准、普遍范畴和宏阔之论，支持局部类型、容忍差异、历史的和非中心化的后现代科学知识。

法国哲学家福柯从对权力、考古学和知识谱系的研究开始其对西方思想文化传统的深刻反思。尽管福柯并不认可给他的理论见解贴上固定的诸如后现代的标签（这其实也正是某些后现代思想家的多变和特立独行的特征），但福柯的整体思想无疑是极具后现代气息的。与许多后现代思想家一样，福柯的思想中有很深的尼采主义和海德格尔思想渊源。福柯主张放弃对知识基础和知识体系的追求，强调了非中心化世界的重要性，赞成采用谱系学代替科学。

法国哲学家德里达（Derrida）是解构主义最著名的代表人物。秉承了尼采和海德格尔的反形而上学立场，德里达发起了对追求普遍性、本质性的逻各斯中心主义（在《西方后现代主义哲学思潮研究》一书中，我国学者佟立对于逻各斯中心主义的概括是：逻各斯中心主义是指理性、本质、终极意义、真理、第一因、超能指与所指、超结构等一切思想、语言、经验以及万物之基础的东西）的解构。①

通过对数学知识演变历史维度的考察，我们注意到，数学的文化角色转换也经历了一个从现代性到超越现代性或者也可叫作某种后现代的转换。这是由数学发展历史上一系列重要的观念演变构成的。数学的现代性观念形成的一个重要标志是神学与数学的结合。继而又从自然—上帝—数学的“三元复合结构”（三位一体）过渡到数学与其他自然科学的

① 佟立．后现代主义哲学思潮研究[M]. 天津：天津人民出版社，2003：224-225.

联盟。当数学从独立化逐步迈向数学理论发展的多元性时，数学就开始了对其现代性的超越。这种超越的一个知识标志是19世纪中叶非交换代数和非欧几何的诞生。进而自20世纪以来，数学的发展出现了对其现代性观念的整体性超越。

在数学知识的变革过程中，与后现代科学的某些共同特征（如否定、摧毁、完全解构等）有所不同的是，数学在进行新的理论创造和构建的同时，除了破除某些错误的认识（如不恰当的限制或不适当的随意性）和观念之外，又在一定意义上保持着其对于传统的某种协调性和一致性。超越了单一化的理论指向，数学发展开始沿着多元化的路线蓬勃发展，随着数学统一性的新要求的出现，有可能将这种多元化予以简化，生成相对稳态的数学本体以及螺旋式渐进和循环演化，其复杂的演变过程同时也把数学文化从现代性状态引向了超越现代性的方向。

从数学文化的外围领域看，当大众充分享受着高科技（数学是其中极为重要的理论和技术）支撑的现代物质文化的同时，当下占主导地位的作为精英文化和专业资质文化重要部分的数学文化却开始越来越远离大众文化。与一般科学一样，数学的理论进展似乎跟数学工作者内部的权力结构紧密相关，尤其是前沿数学中的纯粹数学研究，依然是由极少数精英式专家控制和从事的工作。前沿数学是如此专业化，以至于它远离大众文化，甚至偏离了科学热点。在我们看来，从社会发展的角度看，精英文化与大众文化之间日益严重的分离趋势是危险的。对后现代文化而言，数学文化的这种层次性和分散性特点值得引起数学教育工作者的关注。例如，人类在思维、智能、知识、专业等方面日益明显的高度分化将会对人类未来产生怎样深远的影响？某种形式的后现代数学文化如果有可能形成，其利弊将会如何？等等，这些都是需要深入研究的。

### 2. 数学史与传统文化及数学教育

对数学文化史的深入研究应该成为数学文化研究的一个重点。就数学文化史而言，数学的历史发展过程中蕴含着丰富的数学文化素材。不同民族、不同文化背景下生长着不同类型、不同水平和不同范式的数学文化。数学文化史研究的核心问题之一就是对不同民族数学文化的比较研究。但对数学文化现象的各种阐释有可能导致对真实数学史实的误读问题，这似乎是不可避免的。而且在关于数学文化许多问题的看法上，观念的分歧也将是不可避免的。

对数学文化含义的不同理解，导致了某些认识上的偏差。例如，在某些人看来，数学文化就像茶文化等饮食文化一样。在这种理解中，数学文化就像一簇色彩斑斓的杂色花一样，被偏颇地看作是数学的花絮和点缀形式。在某些数学史研究中，数学文化被当作是具有神秘色彩、民间色彩或民族色彩的数学历史的片段。这种对于数学文化的理解不仅是片面的，而且是有害的。因为当数学文化的含义仅仅是指那些神秘的、趣味的、有民族风格的、民间性的甚至有些怪诞的数学知识、技巧和观念时，大众对数学的认识和定位就不可能全面、客观和公正。

整体文化与传统文化不仅以直接的和外在的形式对数学教育产生作用，而且以一种深层的、潜在的形式影响着数学教育，特别是后者的作用更是不能低估。例如，教师的各种观念（包括数学观、数学教育观）和学生的各种观念，都是某种特定社会结构下某种社会价值、文化心理的投射。这些潜在的文化因素或者是我们自觉认识到的，或者是我们不自觉形成的。这些相互作用的、复杂的、综合的因素构成了具有中国特色的数学课堂的背景文化，直接或间接地作用和影响着数学课堂文化的形成、表现形式和一般特征。中国数学教师的数学文化观是以数学文化、传统文化、现代文化和西方文化等为基本成分相互交织、相互作用、相互矛盾所形成的一个综合体。我们主张数学教师应着力创造一种结合自身数学素质特点的、高起点的，具有展示数学的科学本质、社会价值、思维特征和独特的美学意蕴的数学课堂文化情境和氛围。也只有如此，才可能把数学文化素质教育落在实处。

鉴于上述种种复杂性，我们有必要进一步反思的是：数学在怎样的意义上可以被称为一种文化？难道必须是全世界所有民族都具有的或共有的文化形式才算是具有国际性和普遍性吗？从文化的某种特定的含义上讲（如民俗性、民间性、民族性、地域性等），在中国和其他那些没有西方数学文化历史背景的国家，好像并不存在某种被认定为具有普遍意义的（以西方文化传统为基础的）数学文化。而在当代，数学是以国际竞争的需要、全球化的需要和科学发展的必要形式被强化和保持其文化存在性的。然而，传统上的、历史上曾经存在过的，甚至现存的民族数学或民俗数学对一个国家的文明进步和文化发展而言，尤其是对一个国家的当代和未来的数学和科学技术进步而言，是否真的是必不可少和极其重要的呢？无论答案如何，我们都要努力去做的一件事是：抑制其消极影响，弘扬其积极的因素。例如，在中国，珠算和算盘可能是有民族特色的；但在信息数字时代，手工计算和机械式计算却无法成为能够被称为主流数学文化的东西。其实，一个国家或一个民族进步的关键是在于能够适时适量、敞开胸怀地学习并借鉴其他优秀的文化和知识。事实证明，数学文化（无论是由哪个民族独自创造或哪些民族共同创造的）可以成为一种共享的、普遍的世界文化。

### 3. 数学的文化性与超文化性

进而，我们可以深入思考的是，数学在何种意义上可以称之为文化的问题。作为一种文化进化的产物，数学可以被赋予强烈的历史主义色彩。数学文化的历史观否认数学先天的合理性和神性，否认数学知识和结构预设的完整性和合理性，取消了柏拉图主义的理念世界和康德的先天综合判断，从而消除了关于数学的形而上学观。数学不可能摆脱时间变量（历史维度）而成为某种永恒的知识形式，但在某些历史时期和特定的形式及结构当中，数学是具有超越性的。数学具有文化性的一个明显的证据是在不同文化环境下产生的形式各异的数学（如经验数学与演绎数学），但数学不同于一般文化的特点正是数学的独特性，表现为不同文化的数学都具有共同的或很相近的起源、概念和问题。例如，无论是经验数学还是演绎数学，几何与代数都是共同的研究对象。这不仅说明数学对人类而言具有共同的客观性基础和经验来源，而且证明不同民族文化（至少在科学文化层面上）具有共同性（目前数学文化研究的一个误区就是过分强调了差异性而忽视了共同性）。所以数学文化既有文化的一般意义，又有其独特性。

更进一步看，谈到数学文化的普遍性特质，就要考虑是否存在超历史、超文化的数学形态。或许某些数学知识与特定历史时期的某种社会思想、科学形态和观念没有直接的关联。某些文化形式可能与数学密切相关，而另一些则关系不大甚至没有关系。这取决于数学文化的中心内核结构及其与其他文化的层次关系，以及不同文化之间的联结和扩散方式。

从上述复杂多样的情形看，我们认为有必要提出关于数学文化的一个对偶观念，即数学的文化性与超文化性，亦即数学的文化相关性与文化不相关性。如果对文化做狭义的理解，那么我们必须承认数学一方面具有文化性，另一方面又具有相对的超文化性（在笔者的数学文化语境中，文化通常是取其广义理解的。但考虑到某些相关研究对“文化”概念的狭义理解，为了取得某种共同的理论平台，我们有时候也需要在特别强调的情况下采用其狭义理解）。

数学的超文化性是有层次的。一方面，如就民族数学或民俗数学而言，无论是数学的知识特点，还是数学进化的机制，都并不存在什么绝对的和不可调和的差异性。例如，尽管研究深度和范式不同，但不同民族和国家在其数学文化发展的早期，几乎都不约而同地要研究“数字”和“图形”这两种基本的数学对象。这种趋同性就是数学的超民族文化性的体现。著名哲学家胡塞尔在《几何学的起源》一文中表达了这样的见解：“几何学及其全部的真理，不仅对于所有作为历史事实而存在的人，而且对于所有我们在一般意义上能够想象得到的人，对于所有的时代、所有的民族，都是无条件地普遍有效的。”虽然胡塞尔所表达的见解过于强硬了，其非历史的、具有强烈形而上学色彩的数学观值得商榷，但数学知识能够被不同民族共享，这的确是一个事实。

但从另一方面也应该看到，数学的确在许多方面，如数学思维、数学观、数学价值观等，都是与文化紧密相关的。例如，虽然柏拉图主义数学理念只是一个幻象，但为什么它会在那么长的时间内一直占据数学观念的主导地位？这是一个值得深思的问题。这里面就有一个共性与个性、共同性与差异性的关系问题。就整个数学而言，数学与其他文化的密切关联性也并不是在所有情况下都是呈现显性表现形式的。我们有这样一个推断，在某种社会文化情境中被孕育的数学文化，在其被转换为某种纯粹的数学知识形式时，作为背景的和隐式的文化色彩和特征常常被（有意或无意地）过滤掉了。这里我们要考虑到复杂多变的前现代数学形式，不仅仅是古希腊，还有古罗马、古代埃及、古代中国、古代印度等。这里有一个重要的理论定位问题，就是如何看待数学（文化）的西方中心论。我们初步的看法是，尽管在学校教育中占据统治地位的是西方数学及其教育理论框架和范式，但我们不应过分强调它与其他文化的差异性。如果我们不掌握西方得以强大的各种思想武器用于发展自己，那么我们就会重蹈前人的覆辙，在国际舞台上再次陷入被动挨打的局面。因此，必然的抉择就是列宁所说的：吸收世界上一切优秀的文化使之与民族文化相结合，并且由此促进民族文化的发展。

数学“超文化性”概念的提出，是想表明数学所具有的很少受到社会文化变化和发展影响的相对独立的固有知识成分。固然，特定的数学知识或许是某种社会需要的产物，如两次世界大战对情报、密码破译、高速运算的需求催生了计算机的发明等。但是，计算机却远远不是仅仅只为战争服务的。数学与其社会文化具有多样复杂的互动关系。数学的发展动力可能是多种社会、文化因素交织而成的结果，可以称之为数学发展的外部动力。但数学理论一旦产生，就具有了自身的生命力，有了自己的发展轨迹。在某一特定的时期，数学对外部世界可能是不敏感的。例如，一个明显的事实是，数学不像意识形态那样在社会变革中具有较为强烈的律动性。因此，数学作为一门科学，有其相对独立的客观性、学科传统、知识范式和演化路线，而离开数学的科学性去奢谈数学的文化性（狭义的，即驱除了科学性的文化）是行不通的。但从另一个角度讲，从事数学研究的人（数学家和数学工作者）却无时无刻不受他所生活的时代的社会观念、哲学思想、信念、价值观的影响，特别是受到社会政治结构（制度、意识形态）、世界观、哲学观、价值信仰、经济结构、技术形式、生活方式、利益选择、创新导向、数学共同体、研究经费、科研计划的支配和作用。这些又都必然对数学家的研究方式、研究兴趣、课题选择产生影响。相对来看，数学的知识实体较为稳定，而主体则相对活跃。数学共同体是数学工作者较为直接的组织。数学共同体是联结个体数学家和社会的一个渠道。

从外部看，前面“超文化性”概念的提出就是对数学“普遍性”概念的肯定。数学的超文化性意味着数学并不是由种族决定或文化决定的。在这种普遍性的观念之下，在不同的民族数学范式之间并不存在库恩所称的不可通约性。因此，“民族数学”等概念的提出，就不能作为消解数学普遍性的恰当理由。从数学内部看，多样性（无论是理论、观点与方法）已经是一个事实，并不存在绝对的、唯一的先天的数学世界。

通过对数学双重性（文化性与超文化性或文化相关性与文化不相关性）的认识，可以看出，我们需要慎重看待民族数学在数学教育文化研究中的作用，避免认识上的偏颇和误差。

#### 4. 警惕某些危险的研究倾向

应该看到，在国内外，关于数学文化观念各种见解的分歧是很明显的。或许我们可以把这一现象理解为数学文化研究的多元化趋势。这也同时显示出我们的某些数学文化研究确实还处于一种混乱和无序的状态。对数学文化精神不恰当的认识、定位、偏见和极端理解，将会对数学教育造成有害的影响。

国际上，在包括后现代主义在内的更为广泛的世界范围的社会文化思潮中，数学等科学的研究被裹挟在殖民主义、后殖民主义、西方中心主义、民族科学、女性主义等社会文本和语境当中。有些科学被冠以“女性友好的科学”的标签，而有些数学则被当作是所谓欧洲中心主义或男性主义的产物。例如，在女性主义者看来，西方哲学传统和逻辑表达的是男性权威和权力的声音，其特征是单一化的和压抑其他不同声音的。

又如，在被标榜为后现代数学的某些国际数学教育研究中，就有把诸如性别、种族当作数学教育的决定性因素加以夸大和予以强化的倾向。

我们认为，把数学知识的学习与诸如性别差异、种族特征、民族性等建立联系的研究趋势本身，是一种更为广泛的数学教育的社会、文化、历史研究视角，这是值得肯定的一个研究方向。然而，上述研究的误区在于其文化、种族、性别和本能等决定论的思想和立场。按照上述认识，学习者的数学学习只能顺应性别性、种族性而无法超越之。比如，按照上述认识，女性的数学学习只能局限在其本能和本性之内。而某个人的数学认知也只能受制于其民族思维的特征。这些看法都是既不符合事实，也不符合数学教育目的的。他们没有看到人的学习过程和认识过程是一个不断超越的过程，人不仅能够超越自身的性别局限性，而且可以超越其民族思维的局限性。况且，即使是同性别、同民族之间也存在着很大的差异性，并不具有某些后现代研究所假设的内部普遍性和一致性。如果我们相信上述立场，那么数学教育就只有放弃自己的教育目标，在性别、种族、文化等固有特征面前缴械投降了。上述偏颇认识对我们的启发是：我们在进行数学教育研究时要特别注意方法论的抉择。我们觉得社会、文化等因素与数学教育的关系定位很重要。我们倡导社会、文化的相关性，但反对社会、文化、种族、性别决定论。

特别值得注意的是，在中国这样的发展中国家，向西方学习和借鉴一切有利于生产力发展和社会进步的有益的文明成果仍将是一个长期的抉择。因此，在科学教育和数学教育领域，我们就要对上述类似的文化研究倾向保持警惕。我们要防止某种集自卑与自傲于一体的极端民族主义心理，避免使其变成阻碍接受西方科学与数学的借口。像数学这样的学科，即使我们承认了其多元性（无论是在西方数学与非西方数学之间，还是在西方数学内部），对于其性质、特点和特色，终究需要有一个价值判断，需要给出一个优劣比较。我们认为，有些研究对不同民族数学之间差异性的过度强调，有时候是混淆了数学的本质差异与形式差异，混淆了数学的差异性和层次性。有些被认为是数学的本质差异只不过是形式差异，而某些被夸大的所谓差异性，其表现形式本质上可能只不过是数学的多样性和层次性而已。

## 二、数学教育的文化

数学文化用辩证综合的视角审视数学世界及其现象，并试图给出自己独特的回答。数学文化研究的兴起可以看作是数学哲学研究范式转换的一个必然产物。在国内，数学文化的研究已经有十多年的历史了，进入 21 世纪以来，数学文化的相关研究取得了不少研究成果，特别是数学文化观念和内容在数学课程中的体现和渗透方面所取得的进展是有目共睹的。但相对看来，数学文化在理论研究方面却没有多少突破性的进展。

为了深化数学文化的研究，探讨如何进一步开展数学教育的文化研究，就有必要拓展对其相关领域的研究，并逐步解决与之相关的理论难点。这也是数学文化作为一门新兴学科逐步走向成熟的标志之一。

数学文化研究打开了透视数学和数学教育的更为广阔的视角。数学与数学教育观、大众文化、民族与传统文化、数学的社会与历史研究、科学文化与人文文化，这些都是数学文化研究的重要相关领域，也是深入开展数学教育文化研究的突破口，下面从这几个相关研究领域探寻数学文化新的理论生长点。

### （一）数学观与数学文化观及数学教育观

数学观是人们对于数学本质、规律和活动的各种认识的总和。在历史上，不同的数学观曾扮演过自己独特的角色，其中最著名并长期占据统治地位的是柏拉图主义的数学观。虽然当代数学思想的发展已经从整体上破除了关于数学对象存在于永恒理念世界的实在论观点，但柏拉图主义、形而上学的观念对数学发展的历史价值是无论如何都不能被磨灭的。比如，在数学的历史上，正是由于摆脱了经验的标准，数学才获得了超越感性的自由。尤其是在方法论层面，某种形式的柏拉图主义观点所具有的价值不仅不能被否认，而且还有待于进一步挖掘。而相对爱丁堡学派科学知识社会学偏颇的认识立场而言，某种修正了的或弱化了的柏拉图主义实在论数学观念可能会具有更高的理论适应力。与数学观相比，数学文化观无疑是从一种更为广泛和宽阔的理论视角去看待有关数学的各种问题。具体来看，尽管也会采纳数学的内部视角，但数学文化更多的是一种文化层面的外部视角的透视和分析。比如，数学观可以不考虑数学与其他人类文化创造的关系，而只把数学的本质、知识特征和发展的规律等作为关心的对象，但数学文化却要考虑数学在人类整体文化中的地位和作用问题。就两者的关系而言，数学文化对各种不同的数学观持一种辩证综合的立场而不是仅取其一。

总体看来，在各种数学观念中，当代数学文化的观念无疑是倾向于（社会）建构主义的、进化论的、辩证发展的数学观，而拒斥柏拉图主义、绝对主义、先验论、形而上学的数学观。但这并不意味着数学文化在所有问题上都采取非此即彼的二元论立场。

数学文化的研究由于超越了对数学本质的传统理解，而使之具有了与数学教育研究更为紧密的关系。在数学文化观念下孕育的数学教育观念必将是超越传统西方数学理性模式的。这种模式的核心就是自柏拉图以来所形成的西方理性主义精神。这种精神追求知识的逻辑性，讲求知识发生过程的严密性，重视推理的明晰性和结构的公理化。因此可以断言，西方数学与西方文化是交互的，西方文化的逻辑理性由于数学的相同品质而被强化了。而这些作为西方文化现代性的基本特征在其发展的历史逻辑进程中走到了绝境。

数学文化观念下的数学价值和功能的基本定位是反对关于数学的任何片面的、固定的和狭义的理解。因此，在数学教育领域，诸如单纯的智力体操说或思维体操说、功利主义、工具主义、科学主义和实用主义的观念，都是无法被接受的。

## （二）数学文化与大众文化

尽管数学与人类文化的广泛联系是一个不争的事实，但在不同的历史时期，数学间或会给人以置身于人类文化之外的印象。在当代，许多自然科学的新突破和新进展，如克隆、大爆炸、基因图谱与基因工程、超导、纳米等，能够较快地被普通公民所接受并迅速成为大众文化的一部分（尽管可能是通俗化了的），然而，数学的情况却要糟糕得多。随着数学的专业化程度日益提高，数学的最新成果难以被社会公众所理解，甚至通俗的解释都是十分困难的。诺贝尔奖是人们所共知的，但数学界的大奖——菲尔兹奖却鲜有数学工作者之外的人知晓。例如，庞加莱猜想被解决虽然是近期数学界的一个大事件，但公众很少有人知道，更不要说清楚庞加莱猜想的大致内容和拓扑学的概念了。难怪美国著名数学家哈尔莫斯曾感叹，即使是十分出色的数学家的工作也没有获得大众的关注。可见数学受大众冷落是一个较为普遍的现象。

在现代社会，由于数学的高度专业化发展，数学作为工具、语言和技术广泛地渗透在现代科学、工程的各个领域，而数学文化更多地是以一种渗透的、隐性的、潜在的形式通过与其他科学文化、技术文化的交互作用被大众所享有。现代数学与社会公众的距离越来越远。数学知识，尤其是当代核心数学知识，由于其高度的专业化和很难程度，仅仅掌握在少数数学精英手中，所以当代数学文化很难作为一种大众文化被公众共享，这是一个令人担忧的现象。更令人忧虑的是，如果超出数学的科学范畴对数学进行文化诠释和解说，会不会由于过分的通俗化和简单化而违背了数学或多或少有些艰深的甚至有些晦涩的真义，抑或由于过度的专业化和过于细碎而阻碍数学文化的传播。

## （三）数学文化研究与数学社会研究

随着数学文化研究的深化，数学社会研究必将成为一个热点。数学的社会化和包括自然科学、社会科学以及几乎所有人类文化领域在内的人类思想文化的数学化构成了知识经济社会的基本特征。作为 21 世纪的一种基本社会现象，这种数学化的趋势使得数学被赋予了更为广泛的文化意义。人类文化正在这种数学化的意义上逐步走向统一。而数学社会化的程度正是数学推动社会进步的重要指标。各门科学的数学化正是数学科学与技术推动社会进步的基本表现形式。数学化将成为社会进步的一个重要指标。这也再次印证了马克思的名言：“一门科学只有当它达到了能够成功地运用数学时，才算真正发展了。”概括地看，数学社会学的研究将从理论与实践两个方面回答数学及其技术发展与人类思想文化变革和社会文明进程之间的若干问题，为中国的现代化和社会可持续发展提供思路与对策，并对数学素质教育的深层次理论问题做出回应。

数学文化研究与数学社会研究的区别何在呢？在我们看来，数学教育中的文化研究与数学教育的社会学研究的侧重点是不同的。就内在性和外在性的关系看，文化是一门学科固有的、传统的、独特的、内部的本质，而社会性则更关注外部世界与学科的联系和作用，关注于人与人、人与团体之间的相互关系。

从数学的社会文化性看，社会文化无疑对数学的发展有一定的作用。因为数学共同体的成员都是社会的一分子，都要把它所处时代的各种观念、价值判断带到数学研究中去。这些都是毋庸置疑的。我们也必须承认，数学的知识中含有社会文化等因素或成分。这是因为除了自然现象之外，社会现象中也有数学的规律、结构和关系。我们可以把这种可被数学化描述的社会现象称为社会文化的客观性。但社会文化等外部因素究竟在多大程度上能够对数学的知识内核产生影响？或者说，用数学的语言说，社会文化作为数学的知识、理论体系的一个变量，是主变量还是协变量？这其中的关系十分复杂，还有待于进一步探明。我们认为，应该把数学的社会研究看作数学文化研究的一个极为重要的组成部分，而不是把它们看作两个相对独立的跨学科研究领域。或者，为了突出数学文化中的社会研究特点，我们也可以称之为数学的社会文化研究。可以期待的是，数学社会学将成为科学社会学研究的一个重要组成部分。

### （四）数学文化与民族文化及传统文化的关系

在历史上，不同民族都有不同程度的数学成就，并有自己独有的（尽管有些是有共性的）数学文化。这样，数学文化的历史研究、数学文化史的比较研究就成为数学文化更深入的研究领域，包括对各民族历史上各种数学文本的解读、对数学在特定的历史条件下的社会结构的认识等。

如前所述，如何看待西方数学与其他民族数学的关系，是这一关系中的一个焦点问题。客观地讲，在科学层面上，应该是不存在不同文化的数学这样一个概念的。在数学的内部，即其科学的意义上，并不存在那种在不同文化、不同民族之间的明显差异性。但在更广泛的外部视角下，数学却也有一个社会—文化—心理背景的问题。

一般看来，在各种文化样式中，有些是浅表的，而有些则深入骨髓，几乎可以称之为文化遗传基因。所以，从数学文化与民族文化的关系看，我们的担心是，即使是那些数学掌握得很好地学生或学者，也只是停留在较高的数学能力层面而并没有达到素质的水平。换句话说，数学的思想观念并没有成为深层文化心理中的积淀物，没有成为流淌在民族文化血液中的东西（当然也更不像有些学者臆想的那样拥有了所谓的中国古代数学文化心理）。

### （五）数学文化的历史研究

数学文化研究与数学的历史研究有着密不可分的关系。正如法国著名哲学家德里达指出的那样："把科学当作文化传统和形式来考察就是考察它的完整的历史性……所有文化的当下，因而也包括所有科学的当下，在其总体性中都蕴含着过去的总体性。"

必须指出的是，数学文化的历史研究是不同于传统的数学史研究的。两者的主要区别在于前者更多的是外部视角而后者基本上是内部视角。传统的数学史研究关心数学的知识演化历史，而数学文化的历史研究则不仅要关心数学自身思想、知识、方法的历史演变（内史），还要把视角切换到数学与社会、文化、经济、政治等的历史性互动关系上（外史），特别是要把重点放在数学的历史传统和其现代表达的关系上，放在与数学教育相关的不同社会、历史、文化的数学传统及其现代意义上，放在不同数学文化范式之间的比较研究上及对当代数学发展的启示上。简而言之，数学文化的历史研究不应该成为一种孤立的、与现实几乎毫无关系的考古、考证、史料和文献研究，而应发挥其对继承与发展、传统与创新的史鉴作用。

随着数学文化研究的深入和数学课程发展的需要，对数学文化史的研究应逐步加强。包括数学文化的角色转换、对数学史研究的定位、数学文化的历史对数学教育的价值、数学的历史传统与其现代表达的关系、数学文化的历史与数学教育的关系、不同数学文化范式之间的比较研究、对当代数学发展的启示等。

### （六）数学文化与数学文明

有鉴于上述认识，在数学文化概念之中或之外，是否还有一个数学文明的概念？这一问题一直困扰着我们。这里把它提出来，希望得到数学教育界同人的关注和评论。笔者认为，这一划分关系到数学知识的进化机制和数学课程研究中如何选择数学历史材料的问题。因为对一门科学的发展来说，由于文化概念强调了一种已有的、固有的存在性和存在状态，而不同文化表现形式之间并不具有明显的优劣性和可比较性，所以单一的文化概念或许会遮蔽我们的认识视线。相对而言，文化概念是中性的，有时候是不涉及价值判断的，而文明的概念则有进步性、发展性等倾向性价值表征。这是我们提出数学文明这一概念的初衷。如果我们确认有一个数学文明的概念，那么数学文明与数学文化又是怎样的关系呢？显然，数学文明的概念要比数学文化概念的外延要小一些，并且可以架起连接数学科学和数学文化之间的桥梁。这一认识有助于回答前面提到的如何看待不同的民族数学、民俗数学在数学中的定位等问题。

数学文明概念的提出可以起到深化数学文化研究的作用。虽然数学是一种文化，却不是一般的文化，它还是一门科学，这一点是万万不能忘记的。科学自有其客观的一面，对一般文化来说适合的东西未必就一定适合数学，所以我们也不必纠缠于某种多元性之中。数学作为一种科学世界语的价值不正体现了人类共同的理想和精神追求吗？所以，现代数学文化处于人类文化发展的较高阶段。作为科学文化的一个典范，数学文化以其特有的、广泛认同和共享的数学共同体观念、方法、命题、论证构成了一种多样统一的世界文化范式。

### （七）数学文化是科学（技术）文化与人文文化的综合

从学术研究的角度看，人文科学与自然科学两大阵营对峙的一个典型表现形式就是数学与人类文化的分离，而这在很大程度上又是一种错觉和误解。造成这种误解和错觉的部分原因应归咎于不当的数学观，其中最典型的就是柏拉图主义的数学理念论。因为按照柏拉图主义的数学观，数学知识并非是由人创造出来的，而是原本就存在于“理念世界”的。这样一来，数学就不可能是一种文化，而是游离于文化之外的。数学游离于人类普遍文化之外的误解随着数学日益强烈的专业化和封闭性而被强化，后来逐步凝结为唯理论的、形而上学的、先验论的、具有浓郁神学色彩的数学观。然而，现代数学的发展一再表明数学并不是早就存在的绝对真理王国，而是人类对于客观事物量性规律性及各种模式的一种认识，以及建立在这种认识之上的知识建构和各种文化创造。

随着数学新的理论的建构，数学的虚拟化、理想化、模型化构造方法的不断拓展，数学的适用范围和应用领域开始越来越广阔。除了自然界为数学家提供了无数诱发数学思想与灵感的各种模型以外，人类社会的各种复杂现象也逐步成为数学理论的指涉对象。数学的量化和模式特征作为对世间万物及万物之间数量与结构关系的一种抽象概括，已经成为自然科学、工程技术和人文、社会科学和人类文化的共同财富，并越来越体现出其融自然、人、社会于一体的知识观念。由于数学理论能够为不同的自然与社会现象提供模式，在定性研究中迥然不同的现象可以采用相似或相同的数学模型加以描绘和解释。数学理论的广泛应用价值、多样性理论建构和日益丰富的解释学意义为重构人类知识，使人类整个思想体系在更高层次上获得整合和统一有重要的启迪。因此，在数学与数学教育发展新的历史条件下，我们需要对科学精神、技术精神和人文精神在现代社会形态下各自的本质和相互关联予以新的阐释。我们需要构建具有时代精神的新的科学观、人文观和世界观。

需要指出的是，数学的科学价值有必要进一步地予以揭示。我们对数学的科学性的认识不是多了，而是还很不够。尤其是对于数学新的认识论和知识论的意义，还有待于挖掘。数学作为科学技术的一个重要门类和典范，在现代和未来的发展中会呈现出许多新的特点。这些新的特点各自体现在数学的科学性（与技术性）、社会性、历史传统等方面，因此深刻地揭示现代数学的科学本质，对于充分地发挥数学对推动社会生产力发展和社会主义精神文明，使数学更好地为人类物质文明和精神文明建设服务都有重要的作用。从广泛的意义上讲，这一领域的研究将有助于科学主义与人文主义的融合和统一，从而对人类文化的整体性发展、对数学（素质）教育的作用、对数学教育的改革与人的全面发展都有重要意义。

数学文化的观念坚持数学在人类文化中的基础地位和重要性，主张保持人类整体文化与数学文化的有机联系，要求对数学在人类文化中的价值有一个客观真实的定位和判断。

### （八）数学文化与数学教育

第一，数学文化观念有利于教师和学生树立视野更为广阔的数学观、科学观和世界观。数学文化用广泛联系的、学科交叉的、相互联系的观点把关于数学的认识深入到学生的整体世界观念之中，将对数学教育本质规律的认识带来深刻的转变。

第二，适宜的数学文化观念有助于数学课程的恰当定位。由于数学文化比数学的视角更为宽阔，因此采用数学文化的视角可以更清楚地看到数学的价值及其在整个学校课程中的定位。在数学文化的观念之下，那种把数学知识与数学创造的（历史、社会、人物）情境相分离的传统课程观将会被摒弃。数学文化把知识的相关的真实情境连同知识的抽象形式一起呈现，增强了数学知识的情境感和历史感，数学知识将是鲜活而有生命力的，而不是一副冰冷的骨架。

第三，数学文化的观念有助于加深对数学教学活动本质的认识。在数学文化观念下，数学教学将不仅仅把数学当作是孤立的、个别的、纯知识形式的，而是将数学融入整个文化素质结构当中。数学文化在教育本质上体现了一种素质教育。数学的文化建构观凸显了数学的认识论特征，强化了数学认识活动的交互性。数学文化的观念与建构主义有相当一致的看法。在数学文化的视角之下，机械、教条、形式主义的数学教学方式将不再有市场。

第四，数学文化观念之下的学习方式将会更加接近数学知识的生成过程，更接近于学生真实的认识与思维活动。数学文化的观念能够提高学生交流、合作的意识。数学文化的观念反对把数学完全当作客观知识和客观真理的先验立场，而是把数学看作是在主观知识与客观知识交互作用下产生的。因此，个体化与社会化相互作用的知识建构形式就获得了其应有的教学地位。

第五，数学文化的观点还有利于促进教学的文理交融，克服人文文化与科学文化的对立。

我们可以期待的是，在数学文化的旗帜下，人文文化与科学文化这两种文化之间的对峙有望得到一定程度的遏制，数学文化教育能够成为现实的数学教育行为。借助于数学在两种文化之间的纽带和桥梁作用，学生的知识结构将不再是分裂、片面和残缺的，而是相互交织、有机联系的。我们同样期望，随着数学文化观念在数学课程中的广泛传播，未来的人才培养模式不再是偏科的，而是通才的；不再是片面科学主义的，而是科学与人文相互融合的。

## 第三节　数学文化背景下的数学素质教育

### 一、数学文化观念下数学素质的含义

自从素质教育成为教育界的共识，素质教育的思想已深入人心。从研究现状看，作为教育思想，素质教育的各种研究已是硕果累累，然而各门学科的素质教育研究却显得比较薄弱，已有的一些研究成果也存在就事论事、缺乏理论高度等不足。我们认为，只有深入到一门学科的文化层面，而不仅仅局限于学科的知识层面，才能获得对学科素质及其培养的新认识。就数学来说，从其作为一种科学的数学，到作为一种哲学的数学，再到作为一种文化的数学，随着我们对数学特点、价值、作用、意义理解的逐步广泛和深入，数学文化的观念为我们探讨数学素质教育问题提供了一个不可多得的视角，从数学文化研究的角

度出发，我们可以对数学素质这一概念有确切理解。在此基础上，寻求实施数学素质教育的突破口，在数学文化的观念中蕴含着十分丰富的教育学意义。这首先表现在数学自身的文化传统上，因为数学文化作为一种科学思想的长期积累，有其独特的科学组织和传统，包括数学知识的创造纪录、流传交流和传播方式等，其文化传承就是广义的数学教育活动。其次，从数学文化发展的历史层面看，不同民族、不同地域都曾在不同时期各自生长着民族数学的萌芽，有的还有相当精深的发展，这种固有的与民族文化共兴衰的数学传统深刻地折射出不同民族的精神追求、自然观念和思维旨趣。虽然从文化的功能性考量，以古希腊数学为基底的西方数学领导着现代数学的潮流，但数学教育作为一个国家文化教育事业的一部分，是不可能脱离其民族性的。如果忽略文化差异和文化冲突，仅仅从科学的数学的意义上去理解数学教育过程，对于数学素质教育这样与文化密切相关的深层次教育问题，就不可能获得令人满意的解答。我们在借鉴西方数学教育理论和经验时也不可忘记这一点。素质是一个与文化有密切关系的概念，按照教育学理论对素质概念的理解，所强调的是人在先天素质即遗传素质的基础上，通过教育和社会实践活动发展而获得的人的主体性品质，是人的智慧、道德、审美的系统整合。可见，素质概念的实质在于各种品质的综合。所谓教育就是你把在学校里所学的东西全都忘记后还剩下的东西（米山国藏）。就数学而言，某个人可能已记不起学过的某条几何定理，但几何学的严谨性、逻辑性和独特的美，却给他留下终生的印象。这应该就是一种素质。从精神科学的角度看，素质在达到人性的教育这一理想中是一个主导概念，包括教化、共通感、判断力、趣味等。在人文主义者那里，素质的本质是超越技艺技能层面的，它是人的一种资质和禀赋。从社会学角度看，素质可以理解为个体面对社会变化和发展所具备的心理准备状态，为了迎接挑战，素质就是竞争力、适应力和创造力。从马克思主义的观点出发，素质的本质含义是人的全面发展。这也是对素质概念最有哲学概括力的理解。

从以上几个角度，结合数学文化的特点，我们认为作为文化科学素质的重要组成部分，数学素质乃是个体具有的数学文化各个层次的整体素养，包括数学的观念、知识、技能、能力、思维、方法、眼光、态度、精神、价值取向、认知领域与非认知领域、应用等多方面的数学品质。

### （一）数学的思想观念系统

数学的思想观念系统主要包括要有独立思考、勇于质疑、敢于创新的品质，要形成数学化的思想观念，会用数学的立场、观点、方法去看待问题、分析问题、解决问题，树立理性主义的世界观、认识论和方法论，自觉抵制各种伪科学、反科学和封建迷信思想的侵蚀，对数学要有客观的、实事求是的、科学的态度和看法。例如，不仅要认识到数学的重要性和作用，还要意识到数学在现时代的局限性和不足，要注重数学方法与其他科学方法的协调和互补，避免由于不恰当的数学训练所导致的思维偏颇及对数学的盲目崇拜，对数学的真、善、美观念及其价值有客观、正确、良好的感悟、判断和评价。

### （二）数学的知识系统

在现代教育日益强调能力、素质的时候，有一种认识上的偏颇，好像知识不再重要了。从数学素质的构成看，知识是最基本的成分，知识与能力、知识与素质不是对立的，而是相辅相成的。对数学知识而言，至关重要的是，知识在被学习者纳入自身认知结构时，是以怎样的方式构成的。不同的知识构成方式决定着知识在认知结构中的功能和作用，优化的知识结构具有良好的素质载体功能和大容量的知识功能单位，只有优化和活化的知识才能发挥作用。为此，不仅要阐述知识本身是怎样的，还要阐明知识何以如此；不仅要揭示知识的最终结果，还要展示知识的发生过程，使知识以一种动态的、相互联系的、发展的、辩证的、整体的关系被组合在一起，而知识的上述特征应该成为其构成数学素质要素的基本前提。

### （三）数学的能力系统

数学能力的发展过程是一个包含认知与情感因素在内的，变得相互关联和在更高级水平上组织的复杂的心理运演过程，其中多种思维形式从不同的侧面反映了数学能力的本质，使数学能力具有十分丰富的内容。数学创造力作为数学能力的有机组成部分，在数学能力结构中占据着核心地位，这种核心地位同时决定了数学创造力及其培养在数学素质教育中的重要意义。数学创造力不应被单纯地理解为作为科学的数学的创新与发现，而应将其扩展到数学教育的过程与范围内。在数学教育过程中，个体的数学认知活动都是人类数学文化进程的一种再现，其中独特的心理基质构成了真正创造力的起点。特别重要的是，在数学教育中，创造力的一个突出特征是再创造。对每一个个体而言，再创造的教育意义是无可比拟的。

### （四）数学的心理系统的非认知非智力因素

数学创造与学习活动作为一种智力探索活动，需要有良好的心理素质，如对数学的热爱、赞美、鉴赏、高度的精神集中和长时间的精力投入，克服一切困难、坚韧不拔、勇往直前的意志和勇气，不服输的顽强拼搏精神，诚实求真、不弄虚作假的良好作风，相互竞争又相互合作的科学风尚。

## 二、数学文化素质教育的构想

把数学文化的思想精髓和基本观念内化为个体的主体性心理特征，这样一个过程就是数学素质教育的过程，从数学文化与数学素质的观念出发，纵观中国数学教育的历史和现状，有许多值得反思之处。

从整个社会文化的大背景看，尚未具备令人满意的有利于包括数学在内的科学发展的良好的社会文化氛围，在整个民族的思想根基和思维基质中，科学主义和理性主义胚芽还没有完全扎根。近年来我们与各种邪教组织和伪科学的斗争的艰巨性提醒我们，科学思想、科学精神、科学观念、科学态度和科学方法尚未完全植根于民族文化的灵魂之中，广大民众的科学意识、科学精神、科学知识还有待于进一步提高。虽然从社会发展的趋势看，一种有利于科学技术进步的价值导向已初露端倪，但其中也潜藏着某些令人担忧的因素。

纵观中国近代史，在无数志士仁人的强国梦中，始终有一个无法避免的认识误区，即把西方的强盛简单地归结为物质力量的强大，而没有触及西方文化的科学内核。更有许多学术巨匠沉醉于传统文化的幻影中，失去了对西方文化的科学估计和正确判断，具体到数学这样的科学，其理解也仅仅停留在技艺、数术这样的表层，而没有达到哲学和文化的深度。事实上，数学向我们展示的不仅是一门知识体系、一种科学语言、一种技术工具，而且还是一种思想方法、一种理性化的思维范式和认识模式、一种具有新的美学维度的精神空间、一种充满人类创造力和想象力的文化境界和一幅饱含人类理想和夙愿的世界图式。为了实现现代化，中国的教育无论从思想观念上，还是从内容体系上，都需要建立一个新的社会文化坐标，整个社会的价值观念和价值取向需要转轨，形成崇尚科学、热爱科学的良好社会文化风尚。

在学校教育中，受社会整体价值观的强烈支配，单纯的功利性价值取向表现得十分明显，为应付各种考试，获取好成绩成为数学教学与学习的几乎唯一的动力和目标。数学素质被曲解为数学应试能力，数学素质教育成为没有内涵的空话。要想使数学素质教育落到实处，必须从教育观念、教育理念、教育思想、教育内容、教育方法等各方面进行长期不懈的改革。

### （一）数学教育理念

应当逐步确立数学文化教育在数学教育中的主导地位，把提高全民的科学文化素质作为数学教育责无旁贷的任务。从21世纪对人的数学素质的要求出发，把数学教育的长远目标同社会发展对人才的需求联系起来，现代化建设所需的数学人才必须具备现代化的数学素质。所以，仅仅把数学看成是训练思维的智力活动是不够的，仅仅把数学当作是可应用的知识也是不够的，仅仅把数学当成是达到某种特殊目的的敲门砖更是不行的。应突破传统的数学教育是自然科学教育一部分的框架，改变把数学仅仅看成是其他科学的工具的传统角色定位，赋予其更为宽泛的意义。在数学教育过程中，我们要特别注重挖掘数学的科学教育素材，体现数学的科学教育价值；发挥数学教育的科学教育功能，塑造和培养有科学思想、科学观念、科学精神、科学态度、科学思维的现代化建设人才；要敢于用数学等科学武器同各种伪科学、反科学做斗争；要改变数学只是一堆冰冷的公式和符号的堆砌和组合的偏见，充分展示数学的自然真理性、社会真理性和人性特征，表明数学作为人类文化创造的本质；要突破数学的外在形式，深入其思想精神的内核之中；在培养学生的数学观念时，应倡导数学是人类文化的共同财富的世界文化意识，减少文化冲突和碰撞，促进文化融合与交流，用数学等科学文化变革传统文化，促进知识素质的现代化，迎接信息社会全球经济一体化的挑战。

### （二）数学课程改革

在浩瀚的数学文化素材中，哪些是现代人所必须掌握的，这就需要发挥数学课程建设强烈的选择功能，这也是数学课程反馈数学文化时应把握的一个尺度。邓小平提出的“三个面向”可以作为按照数学文化的要求构建 21 世纪数学课程的指导性纲领。举例来说，现代数学已经或正在展现出许多新的科学特征和文化特性，迫使我们要不断地更新数学教育观念，诸如数学真理观念从绝对主义向拟经验主义和建构主义的变迁、计算机时代数学强烈的实验性质、离散数学日益增长的重要性。这些新的变化要逐步在课程中体现出来，要改变传统的课程设置模式，改变传统课程中单纯地以知识单元构筑框架的从定义、公理到公式、定理的编纂体例，大力开展与计算机技术及应用相关的数学课程建设。数学课程应充分体现数学思想的发生过程、数学与现代社会的密切关系、培养创造力与素质教育的目标，要发挥数学课程改革在整个数学教育改革中的导向作用。数学课程改革的一个基本立足点就是要处理好作为科学的数学、作为文化的数学与作为教育的数学的关系，使这三者能以一种恰当的比例被整合到课程设计当中，逐步实现科学、文化、教育三位一体的课程设置目标。同时，要切实提高教师的数学文化素质，奠定实施数学素质教育的师资基础。

### （三）教学方法和策略

由于数学课程丰富的文化内涵，教学方法改革充满机遇与挑战。

首先，应从革除传统教学的弊端入手。传统教学的弊端，如为使学生掌握所学内容不惜采用大量机械的强化的练习，教学与学习效率太低；相对来说，重知识的系统传授而轻获得知识的方法，重逻辑推理而轻非逻辑推理，重收敛思维而轻发散思维，重再现想象而轻创造性想象等等。要变传统的把数学知识当作金科玉律进行教条主义的灌输为充满数学生命活力的思想创造与探索，要变被动机械的接受学习为主动建构的理解学习，要实现从静态的以课本、黑板、粉笔为主的传统教学模式向动态的以多媒体教学为中心的现代教学模式的转变，变传统的以知识的系统传授为主线的缺乏创造力的教学为充满人性化的以培养创新精神为主导的教学。

其次，加强以数学美育为主的非智力品质的熏陶，从而激发学生的学习兴趣，调动学生学习的积极性，唤起学生的内在学习动机，营造自由、轻松、活跃、充满活力和没有压力的数学课堂氛围。

最后，从数学文化曲折的发展路径去洞察数学学习的本质。我们注意到个体数学认识过程与数学文化发展具有一定意义上的相似性，因此可以从数学文化曲折的发展历程去洞察数学学习的本质。为此，要重视学生数学文化经验的积累和总结，包括数学的观察、实验、发现、意识，无论是成功还是失败，都是有价值的；要重视数学史典籍和数学家传记的德育功能和教化作用。

数学素质作为现代社会人的一种必备素质，是人的完整素质结构的有机组成部分。数学素质教育是培养和促进人的数学文化素质的基本手段。为了切实实现素质教育的目标，还需要在理论和实践两个方面做大量的工作，在实施数学素质教育的过程中，必须考虑到诸如应试教育的现实性、数学不同侧面的特点、对数学应用的多层次需求、数学素质教育目标的层次性、社会对数学需求的多样化等因素。

## 第四节　数学教学活动中文化视角的平与扬

借助数学文化的作用提高学生的思维品质和综合文化素养，是 21 世纪之初课程改革的深层次目标。如何在教学中适时适当地用数学文化的视角进行数学教学，又避免一味生硬地强调数学文化，防止概念的形式化？本节从提升文化视角在数学教学中的作用、教师亟待提高数学文化的水平、把握数学教学中文化视角的平与扬三方面进行了阐述

### 一、提升文化视角在数学教学中的作用

“体现数学的人文价值”是当前数学基础教育课程改革的基本理念《基础教育改革纲要》中要求知识教育的过程应让学生同时“成为学会学习和形成正确价值观的过程”。因此，培养公民的思维品质和文化素养，无疑是基础教育的主要任务之一

在数学知识的教学中，不断地培养学生公理化思维、模式化思想方法和严谨的逻辑思维能力，借助数学文化的作用提高学生的思维品质和综合文化素养，将是对本次课程改革的深层次理解和对育人目标的重要实现。但目前的情况是，相当一部分教师并不重视在教学过程中运用数学文化的视角去分析、介入、说明和验证数学问题，他们或者对数学文化缺乏足够的理解，或者对数学文化在数学教育中的作用认识不足。如何在教学中，适时适当地用数学文化的视角进行数学的分析介入、说明和验证，把握数学教学中数学文化的平与扬，是本节想做的一点粗浅的探讨。但另一方面，笔者认为需要注意的是一味生硬地“处处”强调数学文化不符合新课程理念。

前面我们提到《义务教育数学课程标准》指出：“数学是人类的一种文化，它的内容、思想、方法和语言是现代文明的重要组成部分。”《中学数学课程标准》则进一步指出：“数学课程应介绍数学发展的历史、应用和趋势，注意体现数学的社会需要、数学家的创新精神、数学的科学思想体系、数学的美学价值，以帮助学生了解数学在人类发展中的作用，逐步形成正确的数学观，使之成为正确世界观的组成部分。”在这里课程标准不仅精辟而简要地指出了数学文化的内涵，指出了中、小学数学教学与数学文化的关系，同时提出了实现数学文化教育的目标和意义。

数学是什么？至今尚无定论。恩格斯指出，数学乃是关于物质世界的空间形式及其数量关系的科学。这个关于数学的定义应该说更接近于普通的人们对数学的理解。对于文化，至今也有多种不同的看法和诠释，而数学文化是近几十年来产生的新概念。随着数学在科学和社会生活的重要性日益增长，应用领域不断扩大，人们越来越领略到数学的全貌和魅力，体验到数学作为科学的语言思维的工具与人类活动的休戚相关。随着研究的深入，人们越来越确认了数学的文化价值，确认了数学是一种文化体系。越来越多的人们认识到，人类的历史是个与数学密不可分的过程，数学一直是并且永远是人类文明主要的文化力量。

## 二、教师亟待提高自身的“数学文化”水平

随着新课改的培训和新理念的接受，教师们越来越感到的是新教材更高的要求。它要求教师有宽阔的视野、广泛的知识含量以及对教材高水平的驾驭与把握能力。显然，新教材对教师教育教学能力提出了挑战。当新教材第一次摆在人们面前时，正是通过教材中那如春风般扑面而来的崭新面孔、崭新编排方式带有浓重文化韵味的知识选择和呈现方式使教师们感到了从未有过的冲击。在新教材的四个领域：“数与代数”“空间图形”“统计与概率”“综合实践”中，每一部分教学内容的更新量都是比较大的，尤其是统计与概率、空间与图形、综合实践活动部分。因此，对教师的教学理念、教学方法、教学手段等都要求有个全新的改变。以至于有的教师说“我似乎不会教课了”。有人曾说“课改的成败在很大程度上取决于教师的水平”，不无道理。

在这种情况下，必须也只有提高教师的“数学文化水平”和教育教学能力，才能应对时代赋予的重任。而迅速提高教师“数学文化水平”和教育教学能力的办法是什么？那就是目前已见成效的分级全员培训和广泛交流，当然离不开教师自身的积极努力和学习。在这个过程中，教师首先要完成的是理念的转换，即从思想上明确新课改的意义和目标，以及从文化视角进行数学教学的意义，这是解决问题的关键与核心。其次是广泛的学习，尽快地了解和掌握与新教材相关的知识内容。教师作为理论和实践的对接者、课改实践的中心人物，必须真正理解和掌握课程改革的核心理念，通过各种渠道努力学习和提高自身的素质。

几年来，虽经过疑虑、动摇震荡，但新课程改革终将以它新生事物的强大生命力，以它所显示的鲜明的立场和目标，让缔造者、推行者和实践者都越来越感受到它的震撼与魅力。人们今天已基本认可了新课改是以素质教育为目的和进行素质教育的最佳平台，体验到新一轮的数学课程改革是社会发展的需求，是现实生活的需要。

## 三、把握数学教学中文化视角的守与扬

### （一）适时适度地“体现”数学文化理念能够提升教学效果

数学文化的理念是一种认识，是一种思维上内在的归纳，也是一种对事物看法的提升。我们从文化视角看待数学教学，是一种大局的整体性范畴的思维体现，但在具体教学中，既要有大视角也要有小视角，要有宏观也要有微观。只有这样，才能真正实现新课改所要体现的目标。教学实践和理论都告诉我们，适时适度地体现数学文化理念才能够提升教学效果。也就是说，教师在知识教学中要自然而然地渗透数学文化，既要弘扬“文化”意识，也要“润物细无声”地培养数学文化理念，使学生在学习数学过程中渐渐地、不断地受到文化感染，体会数学的文化品位。

例如教学到勾股定理、杨辉（贾宪）三角、极限概念等著名课题时，我们可以张扬地以古论今，用灿烂的古代文明、数学家的故事激励学生，让学生明明白白体验数学文化带给他们的震撼；而在图形（平面的、空间的）教学时，又可以让学生从观察、收集生活中的共性和非共性图形做起，在合作交流中通过探讨、研究，自觉利用数学的类比、归纳等思想方法，先去初步总结出其外部特性和内在性质。然后教师再引导、组织、提高学生的活动内容、等级和深度，进一步提出延伸的问题和思考。这样不仅比教师单纯地口说、比画、看图、观察模型要生动有效得多，而且更能让学生体会数学与生活实际的紧密联系，体会数学活动带来的内在的文化底蕴。在这些过程中，我们当然不需要“明白”地告诉学生：你们所进行的活动就是数学文化的活动，是数学文化的传承。

所谓适时，就是在恰当的时机、恰当的问题上，向学生渗透数学的历史、数学和数学家的故事，以及数学的发展、思维、方法、问题等。所谓适度，就是该提时就提，该说时就说，不多说而避免造成赘谈，不过分拔高而避免造成困惑。教师以广泛而博采的知识、较高的教育教学能力和教学艺术能够做到适时点拨和适度引导，就可以达到新课改的教育教学目标。

新课改教材充满了文化韵味，为文化视角下的数学教学提供了有力支撑。但是实践中，有些教师反映新教材活动太多，有的活动似乎“多余”，内容上也有些“杂乱无章”，教起来很累；有的知识不够系统，教学时不如老教材顺溜等。在这种情况下，一些教师也就不愿意再去过多的探究教材以外的东西。因此，我们再一次提议：使用新教材时，教师需要充分理解教材所提供的素材和蕴含的文化理念，真正让新教材为学生的文化素养的提高搭建一个广阔的平台。另一方面相信在改革的过程中，新教材会调整、纠偏，把握数学活动和内容的整体性、方向性，让文化视角下的数学教学取得更优的效果。

### （二）重视研究性课题学习的辅导

《数学课程标准》指出：“数学教学活动中，教师应激发学生学习数学的积极性，向

学生提供充分从事数学活动的机会，帮助他们在自主探索和合作交流的过程中真正理解和掌握基本的数学知识与技能、数学思想和方法，获得广泛的数学活动经验。”正是在这样的氛围状态里，“学生和学生之间的相互作用真实地反映了数学学习中形成的文化，具体的教师、具体的学生以及正在形成的具体的‘数学化’”。从而使数学活动从“符号游戏”的“弱”文化状态提高到“数学文化”的层面，真正利用数学活动展现其应有的文化价值。

研究性课题学习是中学阶段数学课本中的一个内容，它一般是与章节内容密切联系的实践活动或者为提高知识理解而给出的课外研究性问题。如北师大版七年级上的“制成一个尽可能大的无盖长方体”、八年级上的“拼图与勾股定理”、人教版高中数学中的“分期付款中的有关计算”“线性规划的实际应用”等。因为研究性课题学习是不考试内容，而且费时费力，所以很多教师不愿意讲授。但研究性课题学习常常能带给学生一些意外的惊喜和启迪，能让学生更多的体验数学的操作实验方法，了解知识的生成过程，也就是说研究性课题学习是用数学文化视角进行教学的有利资源。在课本提供的数学活动材料中，从文化视角去构建数学的教育过程，重点可以放在引导学生经历数学知识的创造过程上。

提起研究，学生常常不知所措。如何让学生进入研究学习状态？如何通过操作实验提升到理论学习的平台？我们试以“用一张正方形的纸制成一个尽可能大的无盖长方体”的课题学习为例来分析。这个活动可以分成两个阶段：实验阶段和提升阶段。在实验阶段教师要做的是：提示学生分组（人数应在 4 ~ 6 个）并选出组长；引导学生明确要达到的目标：①怎样才能制成一个无盖的长方体？②怎样使其容积尽可能大？引导学生“议一议”目标：用什么型号纸张？怎样剪、折？考虑正方形的边长和所做长方体的高有什么关系？准备用具，引导学生讨论：用边长为 20cm 正方形纸去做，对不同数据（课本给出的）让不同小组实验、计算，考虑如何裁剪容积最大？再引导学生对实验、计算的结果进行统计、交流，在此基础上全班议一议，从而回答目标。这个阶段学生要做的是：自行分小组并选出组长；在组长的引导下认真讨论课题内容，明确目标；在组内对每人合理分工，准备纸张及合适的用具，如直尺、剪刀、计算器等，按小组给定的数据“做一做”（画、剪、粘），完成目标；最后再想一想有关数量之间互依的变化关系？各小组间交流，了解正方形边长和长方体的高的数量变化与容积的大小之间的关系，列出统计表，完成目标。在整个准备、操作、实验阶段，教师给予了必要的指导和提示，使学生了解了数学实验活动的过程，初步掌握动手操作的技能，达到了既定学习目标。

在提升阶段，教师可以这样提出问题和进行指导：①用字母分别表示正方形的边长和长方体的高，容积怎样表示？剪去的小正方形边长如果用 x 表示，容积等于什么？这时让学生先用文字和字母混合表示，再告诉学生可以用（a–2x）2/t 表示。接着问这个式子可以化成什么？请大家下去研究。若剪去的小正方形边长用 1/2$ 表示，容积的表达式又怎样？学生讨论解答。②随着剪去的小正方形的边长的增大，容积发生了怎样的变化？小正方形的边长最多可以增加到多少？这时的容积怎样？③无盖的长方体可以用长方形的纸做成吗？它与正方形纸所做的长方体有什么不同？对于问题②，教师可以指导学生完成对“理论上能达到，但实践中达不到”的“矛盾”问题（无限问题）的理解。问题则是课题学习的延伸问题，可以让学生课后思考、讨论。整个课题学习后，要有小结和检查，也要有讲评和交流。

这是一个实践和知识性的成分占得比重较大的问题。过程中没有必要再有意提出有关文化的话题，否则就是“画蛇添足”了。在类似问题上也是如此。

美国弗杰尼亚大学语言学教授希尔斯（E.D.Hirsch，Jn）自1980年在一次学术会议上提出“文化素养（culturalliteracy）”的观点后，为了改革现有的学校课程并实现“文化素养”的目的，希尔斯建议：改革阅读课程，将幼儿园到八年级的阅读材料转为以现实知识和传统知识为基础。

### （三）注重阅读材料中文化理念的传承

阅读材料在我国新教材中占的分量越来越大，它为学生学习和教师的教学都提供了良好的素材。引导学生认真进行阅读，不仅可以使学生了解许多数学的经典知识，还可以提高学生的学习兴趣，让学生知道数学和数学学习其实是那么的有趣和快乐。应该说随着几十年来的不断改革，数学教材从不好读或者说没法读，到专门增加了“阅读”材料，再到新课改课本中的丰富的阅读材料，已经有了一个颠覆性的变化。那么如何引导学生认真地阅读呢？这也是当前教学中教师需要考虑的问题。让学生自觉去阅读，当然可以。但要促进学生阅读和提高阅读效果，就需要教师的有效引导。如教师可以在教学中有意“点到”某个材料中的内容，让学生接着去看；可以在教学中提到某个问题、说法，让学生去查阅；还可以直接布置学生将课本中的阅读材料类的内容集结一下，看看共有哪些知识，让学生分一分类、说一说想法，等等。总之，在文化视角下去看待数学课本、数学教学，教师和学生其实都在变化和提高。

多年的数学教育教学中，我们不断提倡和进行教学目标、思想、方法的改革，也曾结合教学内容进行意志教育、爱国教育、品德教育，讲数学家的故事、中国的四大发明，讲祖冲之和《九章算术》，也讲中外数学历史故事、数学游戏，等等，那是什么？其实也是在讲数学文化，在用文化视角看待数学教学，这些还曾是数学教师津津乐道的内容。今天我们强调数学文化思想，强调数学教学中的文化视角，进行重量级的课程改革是必要的，但我们也应当充分重视中国传统数学中的实用与算法的传统，像杨辉（贾宪）三角、祖冲之的圆周率计算、天元术那样的精致计算课题，像中国多次获得国际奥林匹克数学竞赛的金牌的荣耀，一些强化计算、分析的基础同样不应该轻视或摒弃。不少教师反映：新课改我们非常欢迎，但练习太少，许多学生计算能力下降。普遍的一个现象是，我们的教师一手拿新教材、一手拿老教材在进行教学。我们可以说这些教师还没有吃透新课改的理念。但我们仍然希望在吸收人类一切有益的文化传统的同时，还要注意保持自己民族文化的特点和继承优良传统。

# 第四章　经典数学问题中的数学文化

## 第一节　黄金分割

黄金分割最早由古希腊数学家毕达哥拉斯发现。黄金分割是一个比例关系，它是指将一条线段分为两段，其中较长线段与总线段的比，等于较短线段与较长线段的比，这个比值为 $\frac{\sqrt{5}-1}{2}$，约为 0.618。这个比值在科学领域与日常生活中都有应用。如古希腊的帕特农神庙、古埃及的金字塔、法国的巴黎圣母院，它们的垂直高度与水平宽度的比都符合 1 ∶ 0.618。由黄金分割拓展出来的问题比较多，如黄金三角形、黄金矩形、黄金数与白银数、黄金比等。

### 一、黄金三角形

黄金三角形是指一种特殊的等腰三角形，它的腰长与底边长的比符合黄金比例，主要有两种类型，一是顶角为 36° 的等腰三角形，它的两个底角分别为 72° ，这类等腰三角形底边与腰长的比为 $\frac{\sqrt{5}-1}{2}$，约为 0.618；二是顶角为 108° 的等腰三角形，它的两个底角分别为 36° ，这类等腰三角形的腰长与底边长之比为 $\frac{\sqrt{5}-1}{2}$，约为 0.618。

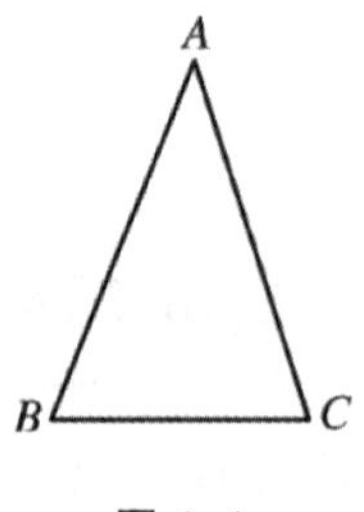


图 4–1

[ 例 1]

有一类特殊的等腰三角形，它的三个角度数分别为 36° 、72° 和 72° ，被称为黄金三角形。如图 4–1 所示的三角形 ABC 就是黄金三角形，∠ A=36° 。

（1）尺规作图，求作线段 AB 的中垂线，与 AC 交于点 D。

（2）△ BCD 是不是黄金三角形？如果是，请给出证明；如果不是，请说明理由；

（3）设 $\frac{BC}{AC}$ =k，试求 k 的值。

（4）如图 2，在△ $A_1B_1C_1$ 中，已知 $A_1B_1 = A_1C_1$，$\angle A_1$ =108°，且 $A_1B_1$ =$AB$，请直接写出 $\frac{BC}{B_1C_1}$ 的值。

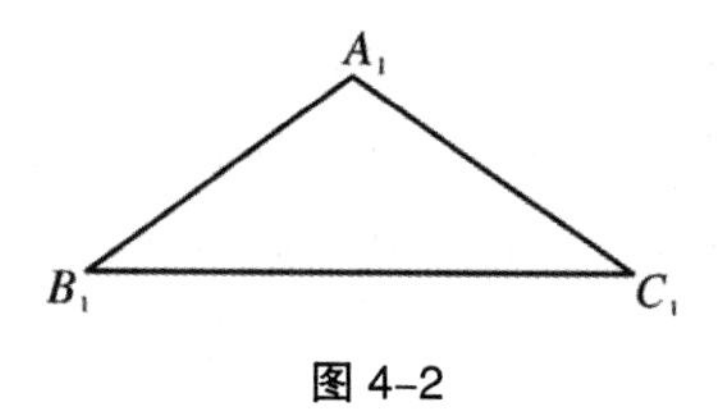


图 4-2

解析：

（1）分别以点 $A$、$B$ 为圆心，以大于 $AB$ 长的一半为半径画圆，然后过两圆的交点作直线，这条直线就是线段 $AB$ 的中垂线，如图 4-3 所示。

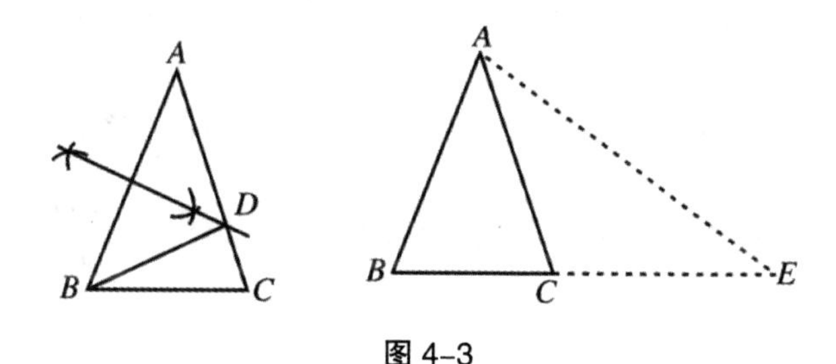


图 4-3

（2）从三角形各内角的度数判断它是不是黄金三角形。即△ $BCD$ 是黄金三角形。

证明：∵ 点 D 在 $AB$ 的垂直平分线上，∴ $AD=BD$，∴ ∠ ABD= ∠ A。∵ ∠ $A$=36°，$AB=AC$，∴ ∠ $ABC$= ∠ $C$=72°，∴ ∠ $ABD$= ∠ $DBC$=36°。又∵∠ $BDC$= ∠ $A$+ ∠ $ABD$=72°，∴∠ $BDC$= ∠ $C$，∴ $BD=BC$，∴△ $BCD$ 是黄金三角形。

（3）通过证明△ BDC ∽△ ABC，根据相似三角形的性质求解。设 $BC=x$，$AC=y$，由（2）知，$AD=BD=BC=x$。∵ ∠ $DBC$= ∠ $A$，∠ $C$= ∠ $C$，∴△ $BDC$ ∽△ $ABC$，∴ $\frac{BC}{AC}=\frac{DC}{BC}$，即 $\frac{x}{y}=\frac{y-x}{x}$，整理得 $x^2+xy-y^2=0$，解得 x= $\frac{-1\pm\sqrt{5}}{2}y$，因为 $x$、$y$ 均为正数，所以 k= $\frac{x}{y}=\frac{\sqrt{5}-1}{2}$。

（4）由黄金三角形的性质可知 $\frac{BC}{B_1C_1}$ 的值。延长 BC 到 E，使 CE=AC，连接 AE。∵ ∠ $A$=36°，$AB=AC$，∴ ∠ $ACB$= ∠ $B$=72°，∴ ∠ $ACE$=180°−72°=108°，∴ ∠ $ACE$= ∠ $B_1A_1C_1$。∵ $A_1B_1$=$AB$，∴ $AC=CE$=A1B1=$A_1C_1$，∴△ $ACE$ ≌△ $B_1A_1C_1$，∴ $AE=B_1C_1$。由（3）知 $\frac{BC}{AB}=\frac{BC}{AC}=\frac{\sqrt{5}-1}{2}$，$\frac{AB}{AE}=\frac{\sqrt{5}-1}{2}$，∴ $\frac{BC}{B_1C_1}$

$= \frac{BC}{AE} = \frac{BC}{AB} \times \frac{AB}{AE} = \frac{\sqrt{5}-1}{2} \times \frac{\sqrt{5}-1}{2} = \frac{3-\sqrt{5}}{2}$。

## 二、黄金数与白银数

黄金分割是把一条线段分成两条线段，且较长线段的平方等于原线段与较短线段的乘积。仿照线段的黄金分割，我们把这样的数称为黄金数与白银数，即从大到小的四个数，如果第三个数与第一个数差的平方等于第四个数与第三个数的差乘以第四个数与第一个数的差，那么第三个数就是第一个数、第四个数的黄金数；如果第四个数与第二个数差的平方等于第二个数与第一个数的差乘以第四个数与第一个数的差，那么第二个数就是第一个数、第四个数的白银数。它揭示了四个数之间的特殊关系，它们之间差距的比也符合黄金比例。

[例 2]

材料一：北师大版数学教材九年级上册第四章对“黄金分割比”的定义如下：如图 A D C B，点 C 是线段 AB 上一点，当 $\frac{AC}{AB} = \frac{BC}{AC}$ 时，点 C 分割线段 AB 就是黄金分割，点 C 叫作线段 AB 的黄金分割点，$\frac{AC}{AB} = \frac{\sqrt{5}-1}{2}$ 叫作黄金比。根据定义不难发现，在线段 AB 另有一点 D 把线段 AB 分成两条线段 AD 和 BD，当 $\frac{BD}{AB} = \frac{AD}{BD}$ 时，点 D 也把线段 AB 黄金分割。

材料二：对于实数：$a_1 < a_2 < a_3 < a_4$，如果满足 $(a_3 - a_1)^2 = (a_4 - a_3)(a_4 - a_1)$，$(a_4 - a_2)^2 = (a_2 - a_1)(a_4 - a_1)$ 则称 $a_3$ 为 $a_1$，$a_4$ 的黄金数，$a_2$ 为 $a_1$，$a_4$ 的白银数。

请根据以上材料，回答下列问题：

（1）如图 A D C B，若 AB= 4，点 C 和点 D 是线段 AB 的黄金分割点，则 AC=____________，CD=____________。

（2）实数 $0 < a < b < 1$，且 $b$ 为 0，1 的黄金数，$a$ 为 0，1 的白银数，求 $b - a$ 的值。

解析：

（1）∵ AB=4，点 C 和点 D 是线段 AB 的黄金分割点，∴ AC =BD= $\frac{\sqrt{5}-1}{2}$ AB = $\frac{\sqrt{5}-1}{2}$ ×4=2 $\sqrt{5}$ − 2，∴ DC = AC + BD − AB = 2（2 $\sqrt{5}$ − 2）− 4= 4 $\sqrt{5}$ − 8；

（2）∵ $b$ 为 0，1 的黄金数，且实数 $0 < b < 1$，∴（$b$ − 0）2=（1 − $b$）（1 − 0），$b^2 + b - 1 = 0$，$b_1 = \frac{-1-\sqrt{5}}{2} < 0$（舍），$b^2 = \frac{-1+\sqrt{5}}{2} > 0$，∵ $a$ 为 0，1 的白银数，且实数 $0 < a < 1$，∴ $(1 - a)^2 = (a - 0)(1 - 0)$，$a^2 - 3a + 1 = 0$，$a_1 = \frac{3-\sqrt{5}}{2} > 1$（舍），

$a^2=\dfrac{3-\sqrt{5}}{2}<1$，$\therefore b-a=\dfrac{-1+\sqrt{5}}{2}+\dfrac{3-\sqrt{5}}{2}=\sqrt{5}-2$。

## 三、黄金矩形

黄金矩形是一种特殊的矩形，这类矩形的宽与长的比值为$\dfrac{\sqrt{5}-1}{2}$，约 0.618。在很多艺术作品中都能找到它，如巴特农神庙高与长的比就是 0.618，中国、英国、美国的国旗都是黄金矩形。其实要把一条线段黄金分割，必须先作一个黄金矩形，如何作一个黄金矩形呢？先作一个正方形，再把它的一组对边的中点连接，然后再以一边中点为圆心，以中点到对边一个端点的距离为半径作弧，交正边形一边的延长线于一点，过这一点作垂线，交对边的延长线于一点，所形成的四边形就是黄金矩形，如图 4–4 所示。

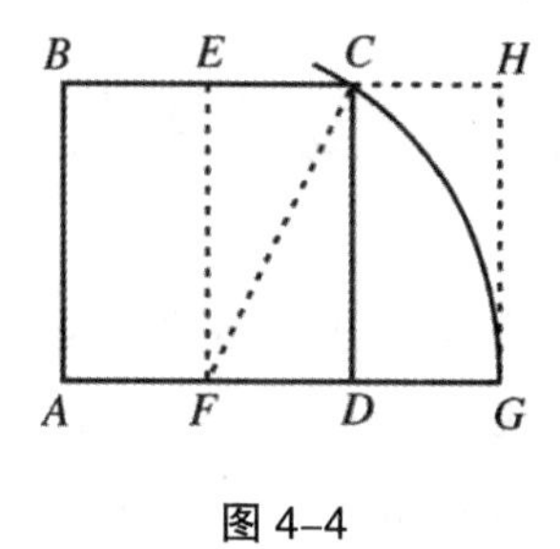


图 4–4

[ 例 3]

有一类特殊的矩形，它的长：宽 = $\dfrac{\sqrt{5}+1}{2}$，我们把这类矩形称之为黄金矩形。据此解答：

（1）如图 4–5，矩形 ABGF 是黄金矩形，四边形 ABCD 是正方形，那么四边形 DCGF 是黄金矩形吗？

（2）在《蒙娜丽莎》这幅名画（图 4–6）中，共存在 6 个黄金矩形，这些黄金矩形是这样产生的：以前一个大黄金矩形的宽为边长，在内部作一个正方形，剩余部分就是一个小黄金矩形，以此类推，在图 4–7 里设 a 是最外边的矩形的长，试求最小矩形的长。

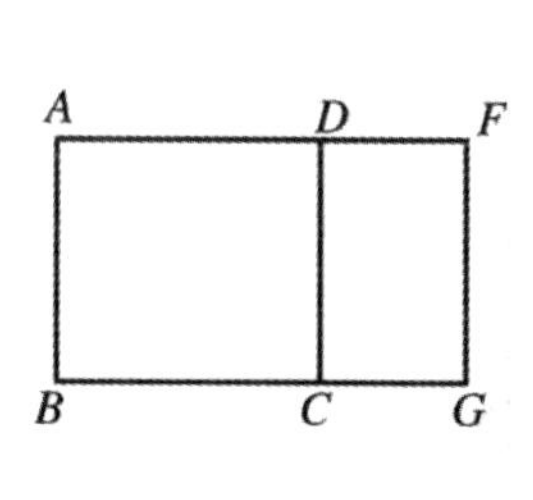


图 4–5

图 4–6

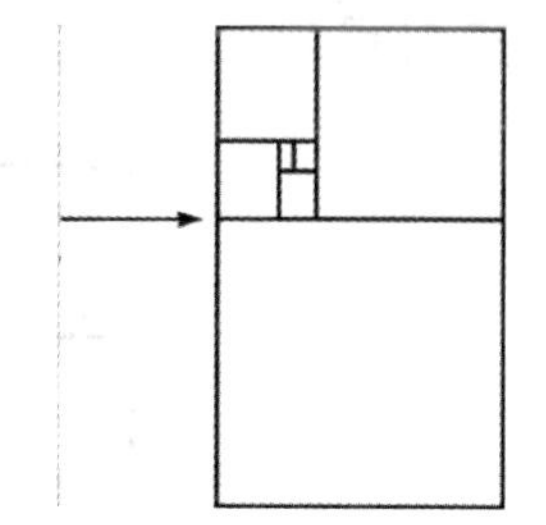

图 4–7

解析：

（1）留下的矩形 DCGF 是黄金矩形。理由如下：∵四边形 ABCD 是正方形，∴ AB = DC = AD，又∵ $\dfrac{AB}{AF}=\dfrac{\sqrt{5}-1}{2}$，∴ $\dfrac{AD}{AF}=\dfrac{\sqrt{5}-1}{2}$，即点 D 是线段 AF 的黄金分割点，

$\frac{FD}{AD}=\frac{\sqrt{5}-1}{2}$，∴ $\frac{FD}{CD}=\frac{\sqrt{5}-1}{2}$，∴矩形 DCGF 是黄金矩形。

（2）因为 $a$ 是最外边的矩形的长，一共作 6 次正方形产生黄金矩形，所以最小矩形的长为 $(\frac{\sqrt{5}-1}{2})^6 a$。从这里我们发现，在黄金矩形内以矩形的宽为边作正方形后，剩下的四边形仍是黄金矩形，按此种方法不断地作下去，下一个黄金矩形的长是上一个黄金矩形长的 $\frac{\sqrt{5}-1}{2}$ 倍。

黄金比例与生产、生活有密切的联系。当人体的上半身与下半身的比为 0.618 时给人以美感；当外界温度与人体体温的比为 0.618 时人感到舒服；当人动与静的比为 0.618 时，是最佳的养生之道等等。如果我们细心挖掘和探究，还会有更多的 0.618 被我们发现和利用。

## 第二节　斐波那契数列

斐波那契数列是由意大利著名数学家斐波那契在叙述“生兔子问题”时从一个简单的递推关系产生，引出了一个充满奇趣的数列：每一项都是正整数，但它的通项公式却是用无理数来表达的；证明通项公式的方法非常多，分别涉及数学归纳法、等比数列、矩阵理论、微分方程、幂级数、母函数等知识点和不同的数学分支；有着很多的数论方面的性质，一些新的性质却还在不断的发现之中；它与植物生长等自然现象紧密相关，同时也与几何图形、黄金分割、杨辉三角、矩阵运算、连分数等数学知识有着非常微妙的联系；除了在数论中被用来证明一些重要的定理和性质外，在生活中的优选法、计算机科学、股票理论中也得到了广泛应用。

### 一、斐波那契数列的定义

#### （一）拼图问题

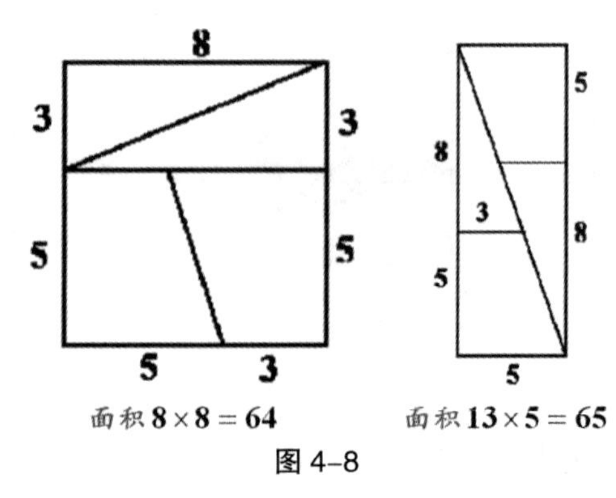


图 4-8

同样的四块拼图拼出来的图形，面积怎么可能不相等呢？问题出在哪里？这个长方形中多出来一个单位的面积，这个面积又在哪儿呢？这样的拼图问题是由 3、5、8 这一组数所引起的个别现象呢还是说有可能会是一个比较普遍的情形？要很好地回答这一系列问题，我们得从斐波那契数列来谈起。

斐波那契是中世纪意大利的著名数学家，他曾率先将阿拉伯数字和十进位制计数法引入欧洲，并对欧洲数学的发展产生了深远的影响。1202 年，他在其著作《算盘书》中提出了著名的兔子问题。

### （二）兔子问题

假设一对兔子出生一个月以后成熟，而一对成熟兔子每个月都能生下一对小兔子，那么，由一对兔子出生开始，12 个月时一共会有多少对兔子呢？结论：到十二月时有兔子 144 对。

我们将每个月的兔子对数排成一个数列：

1，1，2，3，5，8，13，21，34，55，89，…

并称之为斐波那契数列，其中的每一个数都称为斐波那契数。若记该数列为 {Fn}，则有以下递推关系：$\begin{cases} F_1 = F_2 = 1 \\ F_n = F_{n-1} + F_{n-2},\ n \geq 3 \end{cases}$，不妨设 $F(x)=1+x+2x^2+3x^3+\cdots+F_nX^{n-1}+\cdots$，从第三项开始，将递推关系代入，$F(x)=\dfrac{1}{1-x-x^2}$。

另一方面，有 $F(x)=\dfrac{1}{\sqrt{5}}\sum\limits_{n=1}^{\infty}[(\dfrac{1+\sqrt{5}}{2})^n-(\dfrac{1-\sqrt{5}}{2})^n]x^{n-1}$

由函数的幂级数展开式的唯一性，比较幂级数的系数即得：

$F_n=\dfrac{1}{\sqrt{5}}[(\dfrac{1+\sqrt{5}}{2})^n-(\dfrac{1-\sqrt{5}}{2})^n]$ 这就是斐波那契数列的通项公式。

## 二、斐波那契数列的性质

$\lim\limits_{n\to\infty}\dfrac{F_{n-1}}{F_n}=0.618$（黄金分割数）$\lim\limits_{n\to\infty}\dfrac{F_{n-1}}{F_n}=1.618$（第二黄金分割数）

黄金分割数在自然和社会中有着极其广泛的应用，它是工艺美术、建筑、摄影等诸多艺术门类中影响人们审美的一个重要因素之一。20 世纪 70 年代，华罗庚先生根据黄金比提出了优选法，并在全国范围内推广，产生了广泛的社会影响。

斐波那契数列有趣的和有用的性质还有很多，并且依旧处于不断的发展壮大之中。斐波那契数列自从 19 世纪末成为热门的研究课题以来，就不乏追随者。迄今为止依然有很多的学者在执着地研究它的性质和应用。

# 第三节　哥尼斯堡七桥问题

欧拉对于《哥尼斯堡桥》一文进行了深入分析与研究，解开了“哥尼斯堡七桥问题”所蕴含的丰富数学思想。通过对七桥问题进行研究与分析，能够让我们对于数学领域中的相关知识予以深入掌握，带给我们更为丰富的数学视角与视野。

## 一、哥尼斯堡七桥问题简述

“七桥问题”出现于18世纪哥尼斯堡城。在这个城市中有七座桥，当时居民十分热衷：一个散步者怎样将这七座桥走遍，并且每座桥都不重复。要想符合所提出的要求，应当与以下两个条件相适应：

第一，所谓的“不重复”指的是每座桥只能走一次；

第二，所谓的“走遍”指的是每座桥都应当走到不应当被落下。

这些问题的解决是欧拉所完成的，在很多的文献资料中，都提到了欧拉对七桥问题解决的方法，实际上，在欧拉的论文《问题解决与几何位置》中，只包括以下三幅图与两个表格。

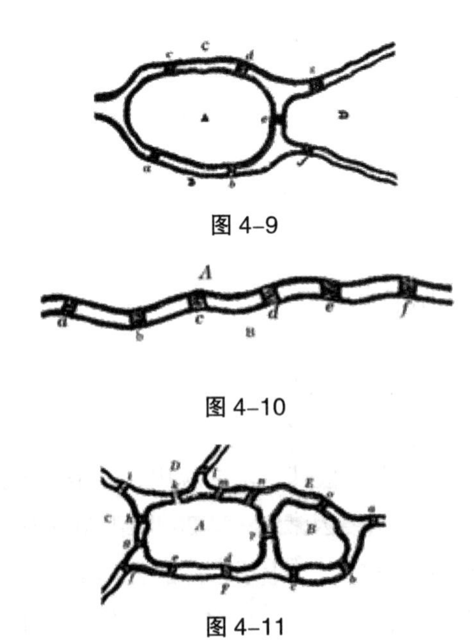

图 4–9

图 4–10

图 4–11

表 4-1

| 桥数 | A 出现的次数 |
|---|---|
| 1 | 1 |
| 3 | 2 |
| 5 | 3 |
| … | … |
| 2n-1 | N=[(2n-1)+1]/2 |

表 4-2

| 桥数为 7，得 8=（7+1） | | |
|---|---|---|
| A | 5 | 3 |
| B | 3 | 2 |
| C | 3 | 2 |
| D | 3 | 2 |
| | | 9 |

该问题主要包括两个特征：

第一，该问题全部来源于现实；

第二，该问题属于新数学领域范畴，欧拉的解答所具备的创新性非常突出，对数学教育工作的开展具有至关重要的启发作用。

## 二、欧拉对七桥问题的解答

第一步就是对描述路线的简洁方法进行寻找。将河流分割的陆地区域分别用 A、B、C、D 表示，地点 A 到达地点 B 需要对桥 a 或 b 进行跨越，记作 AB，倘若再从地点 B 跨越桥 f 到达地点 D，记作 ABD，字母 B 不仅代表首次跨越的终点，也代表第二次跨越的起点，其余地点也根据这种方法进行类推。其发现：

第一，该表示方法与跨越的桥不存在任何关联；

第二，跨越 n 座桥的路线正好可以用 n+1 个字母来代表。

该问题就转变成符合条件的八个字母排列问题。在部分区域中，所连接的桥不止一座，部分字母会多次出现，所以，应当对每个字母所出现的次数进行确定。

为了对某个字母出现次数的法则进行判定，欧拉选取单独的区域 A，并对多座桥进行随意设置，散步者可以利用不同的桥离开或进入 A，所通过的桥数决定着字母 A 出现的次数，倘若桥数为奇数，表 1 将其规律进行了揭示，也就是桥数加 1 的和再除以 2，就是字母 A 所出现的次数。

倘若桥数为偶数，倘若 A 是出发地点，其所出现的次数就是桥数的一半加 1，倘若 A 是到达地点，其所出现的次数就是桥数的一半。

关于计算线路中字母出现次数与所有字母出现在总次数的方法，可以用表 4-2 来表示。

对于任意这类图形，最为简洁的方法就是：

倘若超过两个地点由奇数座桥连接起来，则与条件符合的路线不存在；倘若只有两个地点由奇数座桥连接起来，只需从其中一个地点出发，就可以完成所要求的散步，两个地点中的另一个只能作为终点；倘若各个地点都是由偶数座桥连接起来，从任意地点出发，都可以完成所要求的散步，并能够回归至起点。

只要利用以上这三条法则，就能够将该类问题顺利解决。

## 三、欧拉解法中的重要数学思想方法

### 1. 一般化思想

在对七桥问题进行解决的过程中，欧拉自始至终都在对一般的解法进行寻找。自解答之初就表明这一点，并对这一点进行落实。这样使个别问题的解法也具备较为普遍的意义，并对该问题的解答进行了缩减，将数学家超乎普通人的远见与目光充分表现出来。①

### 2. 数学化思想

在对这一问题进行解答的过程中，将问题数学化是最为重要的解决策略。也就是说，通过数学语言，将散步的线数表示出来。通过该表达方式，能够使问题变得更加简单，有助于对其中所存在的规律进行总结。这种表达方式就是对简洁的数学模型进行构建，因此，在数学问题的解决过程中，最基本也是最重要的方法就是构建数学模型。②

### 3. 简化策略

在对这一问题进行解决的过程中，简化问题也属于重要策略之一。在该题目中，欧拉首次就对只有一条河流的情形进行了考量，进而查找出关于线路表达方面字母出现次数的规律。由此可见，在诸多的数学问题解决策略中，最大限度地对问题进行简化，也是至关重要的方法之一。③

### 4. 列表方法

解决该问题的过程中，欧拉三次采用对数据列表这一方法。在数学家的研究工作中，常常通过列表来开展信息整理与思维组织活动。其具有两个方面的优势，即思维具备一定的条理性与比较容易对其中的规律进行发现。

通过七桥问题，我们需要深思，数学知识其实就在我们身边，我们更加需要对身边的事物高度关注，才能够让数学知识的学习更有乐趣，让其为我们的生活提供帮助。

① 张君.从七桥问题想到的用欧拉图来解决计算机应用问题 [J]. 内蒙古民族大学学报，2012，18（02）：11-12.

② 胡重光."七桥问题"及其对数学教育的启示 [J]. 湖南第一师范学院学报，2011，11（06）：14-16+28.

③ 高中印.用数学建模方法解决哥尼斯堡七桥问题 [J]. 承德民族师专学报，2010，30（02）：14-15.

# 第四节　勾股定理

## 一、勾股定理介绍

勾股定理：任何一个平面直角三角形中的两直角边的平方之和一定等于斜边的平方。勾股定理是人类在数学上最早的发现之一，在古希腊称为毕达哥拉斯定理，在埃及称为埃及三角形，在中国相传是在商代由商高发现的，故又称之为商高定理。

勾股定理是平面几何中一个基本而重要的定理。勾股定理说明，平面上的直角三角形的两条直角边的长度（古称勾长、股长）的平方和等于斜边长（古称弦长）的平方。反之，若平面上三角形中两边长的平方和等于第三边边长的平方，则它是直角三角形（直角所对的边是第三边）。

勾股定理是一个基本的几何定理，在西方是由古希腊的毕达哥拉斯证明的。

在中国，《周髀算经》记载了勾股定理的公式与证明；三国时代的赵爽对《周髀算经》内的勾股定理进行了详细注释，并给出了另外一个证明。

实际上，早在毕达哥拉斯之前，许多民族已经发现了这个事实，而且巴比伦、埃及、中国、印度等还留存有文献，有案可查。相反，毕达哥拉斯的著作却什么也没有留传下来，关于他的种种传说都是后人辗转传播的，可以说真伪难辨。之所以这样，是因为现代的数学和科学来源于西方，而西方的数学及科学又来源于古希腊，古希腊流传下来的最古老的著作是欧几里得的《几何原本》，而其中许多定理再往前追溯，自然就落在毕达哥拉斯的头上。他常常被推崇为“数论的始祖”，而在他之前的泰勒斯被称为“几何的始祖”，西方的科学史一般就上溯此。

中国是发现和研究勾股定理最古老的国家之一。中国古代数学家称直角三角形为勾股形，较短的直角边称为勾，另一直角边称为股，斜边称为弦，所以勾股定理也称为勾股弦定理。据记载，在公元前 1000 多年，商高答周公曰：“故折矩，以为勾广三，股修四，径隅五。既方之，外半其一矩，环而共盘，得成三四五。两矩共长二十有五，是谓积矩。”因此勾股定理在中国又称商高定理。在公元前 7 至公元前 6 世纪，中国学者陈子曾经给出过任意直角三角形的三边关系，即“以日下为勾，日高为股，勾、股各乘并开方除之得斜至日”。

## 二、勾股定理的用途与意义

（1）勾股定理是联系数学中最基本也是最原始的两个对象——数与形的第一定理。

（2）勾股定理导致不可通约量的发现，从而深刻揭示了数与量的区别，即所谓“无理数”与“有理数”的差别，也就是所谓的第一次数学危机。

（3）勾股定理开始把数学由计算与测量的技术转变为证明与推理的科学。

（4）勾股定理中的公式是第一个不定方程，也是最早得出完整解答的不定方程，它一方面引导出了各式各样的不定方程，另一方面也为不定方程的解题程序树立了一个范式。

勾股定理是欧氏几何中平面单形一个三角形边角关系的重要表现形式，虽然是直角三角形的情形，但基本不失一般性。因此，欧几里得在《几何原本》的第1卷，就以勾股定理为核心展开，一方面奠定了欧氏公理体系的架构，另一方面围绕勾股定理的证明，揭示了面积的自然基础。第1卷共48个命题，以勾股定理（第47个命题）及其逆定理（第48个命题）结束，并在后续第2卷中将勾股定理推广到任意三角形的情形，并给出了余弦定理的完整形式。

勾股定理是人们认识宇宙中形的规律的自然起点，在东西方文明起源过程中，都有着很多动人的故事。中国古代数学著作《九章算术》的第九章即为勾股术，并且整体上呈现出明确的算法和应用性特点，这与欧几里得《几何原本》中的毕达哥拉斯定理及其显现出来的推理和纯理性特点恰好形成熠熠生辉的两极，令人感慨。

## 三、勾股定理的证明

### （一）中国古代勾股定理的证明

#### 1.《周髀算经》中商高的证明

《周髀算经》是我国古代最早的数学著作，其内容包括天文、数学知识，表现了我国古代人民的伟大智慧。《周髀算经》中记载了周公与大夫商高的一段话，商高当时回答说：“故折矩以为勾广三，股修四，径隅。既方其外，半之一矩，环而共盘。得成三、四、五，两矩共长二十有五，是谓积矩。故禹之所以治天下者，此数之所由生也”。

英国人 Joseph Needham 将这段文字解释为：把一个矩形沿对角线剪开（如图4–12所示），宽等于3个单位，长为4个单位。这样两对角之间的对角线长为5个单位。我们再用这条对角线为边画一个大正方形，再用几个同上文的半矩形把这个大正方形围起来，从而形成一个方形盘。像这样，外面四个半矩形便构成了两个矩形，这两个矩形总面积是24，然后我们再从方形盘的总面积49中减去24，得到25。我们便称这种方法为“积矩”。

虽然书中只以3，4，5为例，但这种方法也具有一般性，所以我们普遍认为商高已经证明了勾股定理。

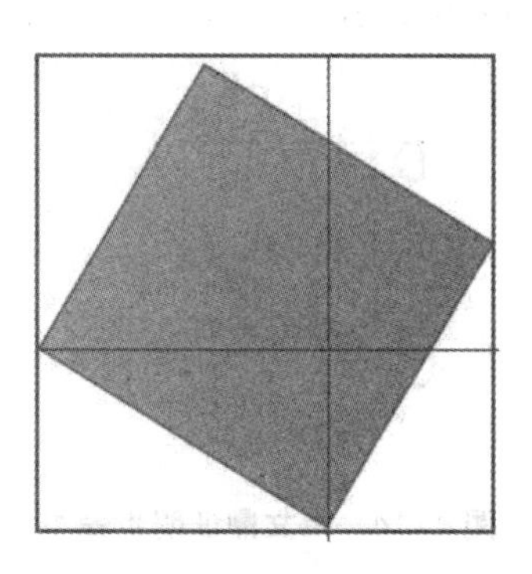

图 4-12 《周髀算经》中商高的证明

2.《九章算术》中刘徽的证明

《九章算术》是《周髀算经》之后最重要的数学典籍，这部学术著作是由先秦到西汉中期众多的学者修改编纂而成的，其在代数、几何方面均有巨大成就。可以说，它代表着中国古代的机械算法体系，它与古希腊的《几何原理》相得益彰，对东方的数学发展产生了重要影响。

魏晋时期，著名数学家刘徽在为《九章算术》做批注时便给出了自己的证明："勾自乘为朱方，股自乘为青方，令出入相补，各从其类，因就其余不动也。合成弦方之幂"，短短几句便对勾股定理进行了清晰的描述。但十分可惜的是，刘徽的证明的图已经失传了。根据学者李迪的研究，刘徽的证明方法与欧几里得在《几何原本》中的证明描述相似，而根据学者曲安京先生的研究，刘徽的勾股定理证明方法如图 4-13 所示，其他学者对刘徽的证明方法也有自己不同的理解和阐述。

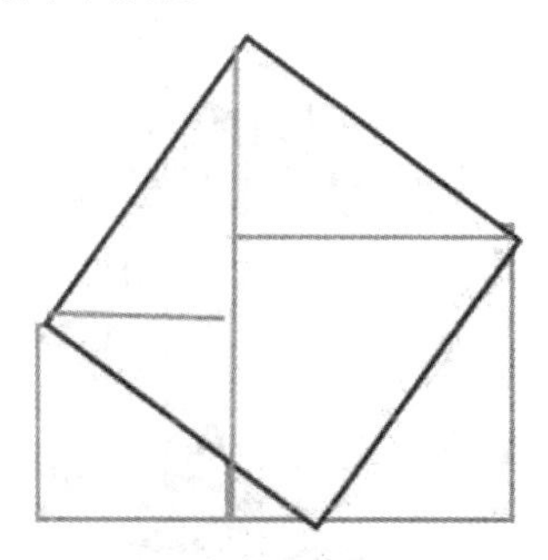

图 4-13 曲安京所绘刘徽证明图

3.《勾股举隅》中梅文鼎的证明

梅文鼎是我国清代著名的学者，是民间数学家和天文学家，被誉为"国朝算学第一人"。对于勾股定理的证明，梅文鼎给出了两种证明方法，其中一种方法与赵爽和刘徽的方法有异曲同工之妙。这里介绍梅文鼎另外一种独具创造性的证明方法，具体步骤如下：

（1）以直角三角形 ABC 斜边 BC 为边作一个正方形 BCDE，其面积为 BC 的平方，再过点 A 做 BC 的垂线 KL，把正方形分割成面积为 AC 平方的四边形 DKLC 与面积为

AB 平方的四边形 KEBL，如图 4–14 所示。

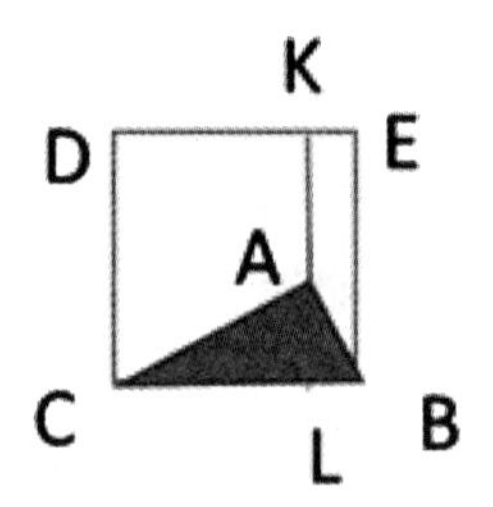


图 4–14　梅文鼎证明步骤 1

（2）将三角形 ALC、ALB 移到 FKD、FKE 处，并做 AI 垂直于 FD，做 EN 垂直于 FE，如图 4–15 所示。

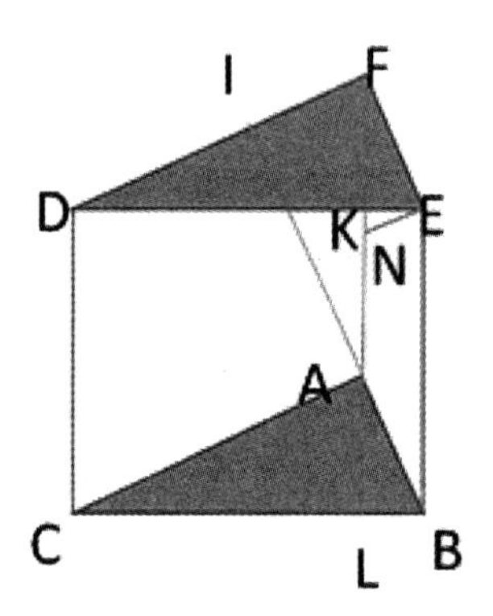


图 4–15　梅文鼎证明步骤 2

（3）将三角形 FLA、FEN 移到 DHC、EJM 处，如图 4–16 所示。

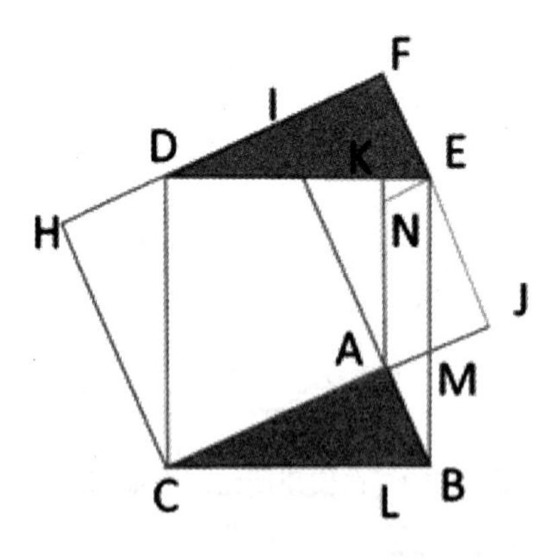


图 4–16　梅文鼎证明步骤 3

（4）将梯形 ENAJ 移到 JMBG 处，即可完成证明，如图 4–17 所示。

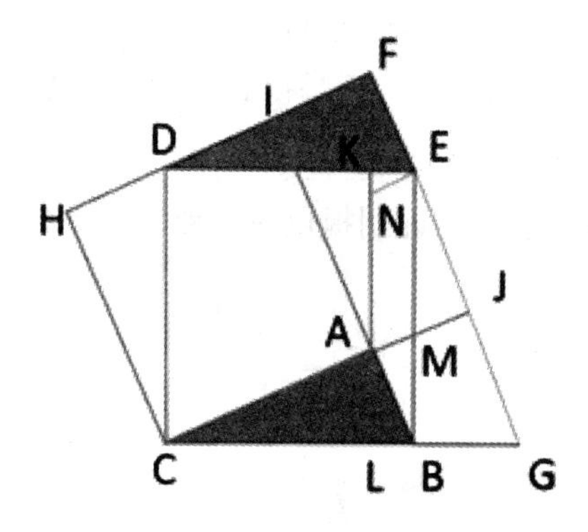


图 4-17　梅文鼎证明步骤 4

## （二）国外勾股定理的证明

### 1.Plato 的证明

毕达哥拉斯提出勾股定理之后，希腊哲学家 Plato 给出了关于该定理一种特殊情况的证明。他运用的方法为“割补法”，通过几何的变换来进行证明，具体证明步骤如下：

Plato 对等腰直角三角形的情况做出了证明，将其腰上的两个正方形沿对角线分割成两个全等的等腰直角三角形，再将这四个三角形拼到斜边上，成为一个新大正方形。由于是平移操作，所以各部分面积不变，从而又可以用“面积法”得证。虽然说这是一种特殊情况，但是这也为后世提供了“割补”的数学思想，如图 4-18 所示。

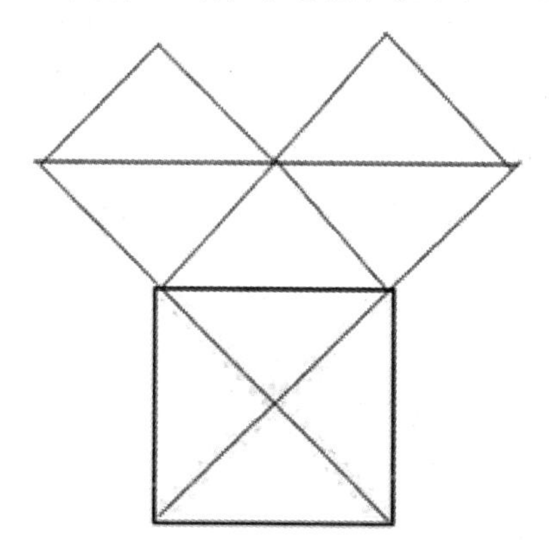

图 4-18　Plato 的证明

### 2.Euclid 的证明

Euclid 的证明是欧洲有记载的最早的勾股定理的证明。在 Euclid 所著的《几何原本》卷一的命题 47 中，Euclid 给出了自己的证明。在证明的过程中，Euclid 运用到了图形割补、等边三角形和面积的关系，其具体证明过程如下：

如图 4-19 所示，在直角三角形 ABC 的各边上做正方形，可以看到三角形 ACD 与 GCB 全等，三角形 ADC 的面积就等于四边形 CDKJ 的一半，三角形 GCB 的面积是四边形 AFGC 的一半，所以四边形 CDKJ 的面积等于四边形 AFGC 的面积。同理，四边形 JKEB 的面积等于四边形 ABHI 的面积。于是得到 AB2+AC2=BC2，定理得证。

在思想方面，Euclid 也继承了 Plato 的割补思想，只是具体过程略有不同而已，两人的思想方法都为后世对于勾股定理的证明提供了思路。

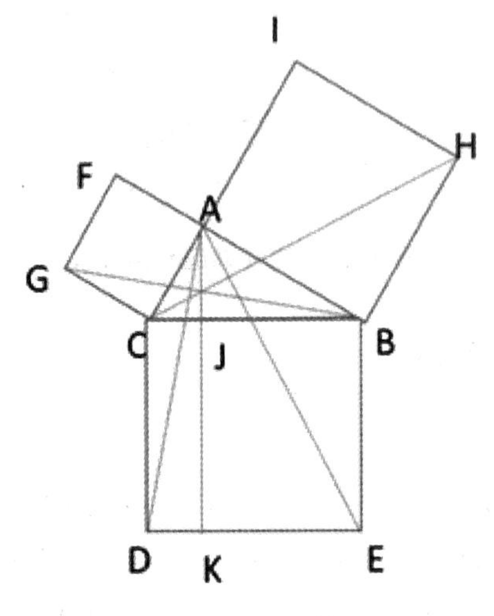


图 4–19 Euclid 的证明

3.Leonardo Da Vinci 的证明

达芬奇是众所周知的文艺复兴时期的数学家、解剖学家与画家。他在《几何原本》证明图的基础上，上下各添加了一个直角三角形，拼接而成两个面积相等的连六边形 BCGFIH 和 JEBACD，再运用面积相减法，于是就可以证明勾股定理了。这也是运用的一种割补的思想，但和 Euclid 的方法有着细微的差别，从几何变化的角度来看的话，达芬奇主要运用的是旋转和对称，而后者运用的则是平移，如图 4–20 所示。

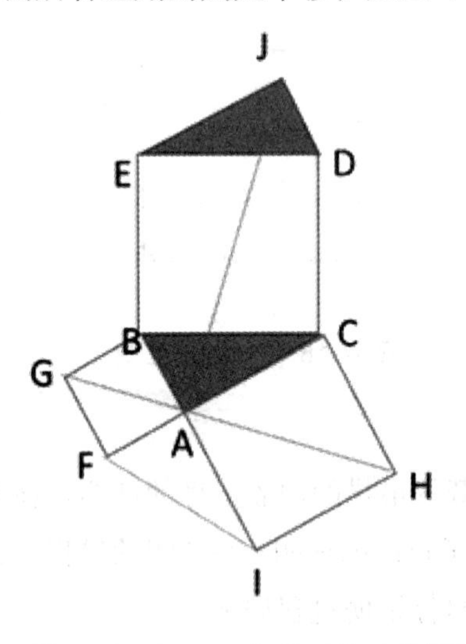


图 4–20 Leonardo Da Vinci 的证明

## 四、勾股定理的推广

### （一）勾股定理在三维空间里的推广

由于勾股定理条件中有一组垂直的关系，结论中有一组“平方和”关系，我们由此联想，在空间结构中可以构建一个三棱锥，使得组成这个三棱锥的三个侧面的三条线段两两垂直，从而使二维的线段的平方关系成为三维的面的平方关系，如图 4–21 所示。根据我们的猜想，三角形 ABC 面积的平方应该等于三角形 OAB、OAC、OBC 各自面积的平方之和。证明过程如下：

我们作 OH 垂直于平面 ABC，垂足为 H，连接 CH 并延长交 AB 于 E，连接 OE，我们可以得到 H 为△ ABC 的垂心，且 AB 垂直于 OH。

由射影定理可以得到 OE2=EH × CE。

$\therefore S2_{\triangle ABO}=1/4 \times AB2 \times EH \times CE=1/2 \times AB \times EC \times 1/2AB \times EH=S_{\triangle ABC} \times S_{\triangle ABH}$

同理，$S2_{\triangle OBC}=S_{\triangle ABC} \times S_{\triangle CBH}$，$S2_{\triangle OAC}=S_{\triangle OAC} \times S_{\triangle CAH}$。

联系上式即可得证猜想成立，于是，我们就得到了空间勾股定理。

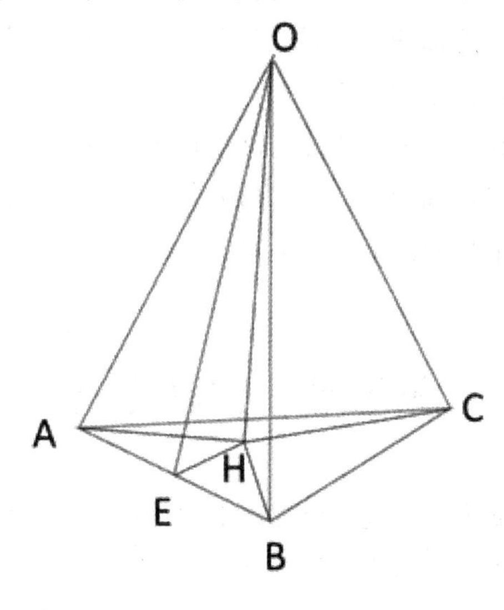


图 4–21　空间勾股定理

### （二）勾股定理在面三角形中的运用

我们用类似直角三角形的做法，构造出有两个直角三角形面的“面直角三角形”，如图 4–22 所示。沿袭上文思路，我们猜想：四边形 ADEF 的面积的平方等于四边形 ADCB 的面积的平方加上四边形 CBFE 的面积的平方。

我们用 S 代表四边形 AFED 的面积，$S_1$ 代表四边形 ABCD 的面积，$S_2$ 为四边形 BFEC 的面积。具体证明过程如下：

∵ S=AD × AF，$S_1$=AB × AD，$S_2$=EF × BF。

∴ S2=AD2 × AF2，$S_1$2=EF2 × AD2，$S_2$2=EF2 × BF2。

又∵ AD=EF=CB，CE=BF，

∴ S2=BC2 ×（$AB^2+BF^2$），$S_1$2+$S_2$2=AB2 × AD2+EF2 × BF2。

于是：S2=$S_1$2+$S_2$2。

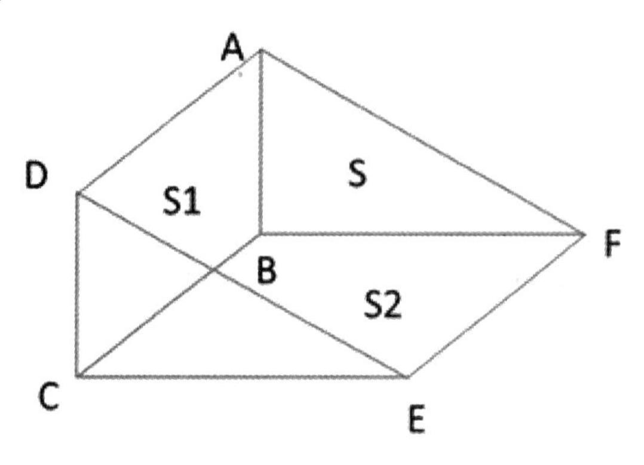


图 4-22　面三角形的应用

勾股定理是人类文明史上的一颗耀眼的明星，是“几何学的基石”，它的诞生产生了许多与它相关的数学思想，进而使得世界上几个文明古国都对它进行了深入的研究。时至今日，勾股定理的证明方法已多达 400 多种，本书对勾股定理证明中用到的面积法、拼接法等都给出了一些经典的例子。随着科技的进步和社会的发展，勾股定理将会推广到更深更远的地方。例如，在三维空间中，在面三角形上，或是在 n 维空间中。勾股定理作用广泛，博大精深，更深层次地研究还需进一步探索。

## 第五节　田忌赛马

我国数学家华罗庚在研究中发现，合理地安排时间可以大大提高工作效率，因此提出了“优选法”，这一说法属于“运筹学”内容之一。

《辞海》中对运筹学的解释为：主要研究经济、管理与军事活动中能用数量来表达的有关运用、筹划与决策等方面的问题。它根据问题的要求，通过数学的分析与运算，做出综合性的、合理的安排，以便较经济、有效地使用人力、物力。其主要分支有规划论、对策论、排队论及其质量控制等。

随着社会的发展，优化思想在工业、交通、通信等领域的应用越来越广泛，人们也意识到在日常生活中合理、省时地优化程序可以节省时间，提高工作效率，因此“运筹学”思想被纳入小学数学教材，“田忌赛马”就是其中一例。教材力图利用“田忌赛马”这个素材，引入“博弈论”“对策论”的应用问题。

这里所设计的教学环节主要分为以下几个部分：

（1）讲“田忌赛马”的故事。

只出示田忌和齐王都有三种实力不同的马，而且田忌每个等级的马都比齐王差。省略田忌每次输的原因——上等马对上等马、中等马对中等马、下等马对下等马。否则如把故事完整地让学生讲出，就会直接得到“田忌必然取胜”的结论，自主探究和问题策略的多样性体验程度就会减弱，感悟优化思想就缺少了活动经验的支持。

（2）引导学生讨论，赛马有多少种比赛方法？

学生自主讨论，小组内代表发言，并引导学生用以前学习搭配或是组数的方法有序地表示。

（3）让学生用自己喜欢的方法表示比赛方案。

展示作业时，有列表、字母、符号、图形、文字等方式，通过此活动，发展学生的符号意识。

（4）汇总：一共有几种方案？为什么只有这 6 种方案？怎么表示有序？

学生一致得出有 6 种方案，他们把田忌的三种马依次用数字 1、2、3 表示，组成 123、132、213、231、321、312 六个组合，分别对应齐王的 1、2、3 等马，如图 4–23 所示：

| | 第一场 | 第一场 | 第一场 | 获胜方 |
|---|---|---|---|---|
| 齐王 | 上等马 | 中等马 | 下等马 | 齐王 |
| 田忌 1 | 上等马 | 中等马 | 下等马 | 齐王 |
| 田忌 2 | 上等马 | 下等马 | 中等马 | 齐王 |
| 田忌 3 | 中等马 | 上等马 | 下等马 | 齐王 |
| 田忌 4 | 中等马 | 下等马 | 上等马 | 齐王 |
| 田忌 5 | 下等马 | 中等马 | 上等马 | 齐王 |
| 田忌 6 | 下等马 | 上等马 | 中等马 | 田忌 |

**图 4–23　面三角形的应用**

齐王 123

田忌 123（3 负）

田忌 132（1 胜 2 负）

田忌 213（1 胜 2 负）

田忌 231（1 胜 2 负）

田忌 321（1 胜 2 负）

田忌 312（2 胜 1 负）

（5）讨论：田忌是怎么获胜的？获胜的可能性是多少？从中你知道了什么？

学生得出结论，田忌用三等马对齐王一等马、二等马对三等马、一等马对二等马。用此方法比赛。从上表中看，田忌获胜的可能性只有六分之一。从中可以发现：排列不同，就会有不同的结果，但获胜的可能性很低，只有加强实力，可能性才会高。

（6）你还有什么疑问？

两个班的同学提出好多疑问，我把有价值的问题筛选出来，总结为以下几点：

①这个比赛不公平。

②齐王让田忌先出马怎么办？

③齐王也按田忌的方法换马，又是什么结果？

④齐王怎么会认输呢？原来不是说好了上等马对上等马、中等马对中等马、下等马对下等马吗？

⑤齐王发现田忌的诡计会怎么办？

⑥下次再这样比赛的可能还有吗？

⑦田忌的上等马一定就比齐王的中等马好吗？

⑧田忌赛马的策略在生活中有哪些应用？

以上几个教学环节中，学生运用数学的思想方法解决问题，使学生了解到有时打破常规思维能找到更有效的解决问题的方法。学生在自主探究中，用搭配和排列的方法寻求解决问题策略的多样性，发展了符号意识和应用意识。在多样的策略中择优，积累了数学活动经验，体会到运筹思想的实际应用。在最后的讨论环节，学生争论得很激烈，以下是每个问题的结论：

第一个问题，学生认为这样比赛不公平，有的拿学校的运动会举例，说比赛要分级的，不能让一年级学生和五年级学生比；有的说举重比赛也是分公斤级的；有的说比赛之前要定规则，我们玩游戏还有规则，何况是赛马呢……他们一致认为，齐王先前是有约定的，田忌属于犯规。

第二个问题，学生疑惑比较大，为什么齐王总是先出马，事先也没说齐王必须先出啊，如果齐王让田忌先出呢？田忌就没有获胜的可能了。我接着让他们讨论并得出田忌获胜的条件：必须是对方先出马，而且要了解对方情况。

第三个问题，齐王如果也换马，那比赛就乱套了。每个人都不遵守规则，也就不能称之为比赛了。

第四个问题，讨论的结果是齐王被蒙在鼓里，被骗了。

第五个问题，齐王发现田忌的诡计，不再和他比赛，他会觉得田忌做人不地道，会断了交情。

第六个问题，得出的结论是“没有下一次”了，就像做生意，把顾客或者合作者骗了，就不会有回头客，只能是一锤子买卖。

第七个问题，讨论有两种结果，一是田忌的上等马胜过齐王的中等马，二是田忌的上等马未必比齐王的中等马好。有许多学生对比赛结果持怀疑态度。

第八个问题，学生说不出来运用在哪儿合适。我只能草草提示：用作团体赛？战争（兵不厌诈嘛）？或者赌博？有些“顾左右而言他”。

学起于思，思起于疑。这节课后，针对学生的疑问，我对本课进行了深入的反思。这个素材安排在小学教材中已经多年了，几乎没有人对它产生质疑。有些教师对学生提出的问题或置之不理，或习焉不察。也许是不曾给学生提供讨论的平台，也许是存在“教材至上”的观点，也许由于自己从来就未思考过这个问题，自然无以应对。

鲁迅曾说，从来如此便对吗？我们倡导学生要有质疑的学习态度，所以教师更要有质疑精神。对本教材内容，针对学生的疑问，我有如下几点思考：

（1）推理不严密。我们把齐王的三匹马表示为 A1、A2、A3，田忌的三匹马表示为 B1、B2、B3，通过故事我们能推知：

A1 ＞ A2 ＞ A3

B1 ＞ B2 ＞ B3

A1 ＞ B1

A2 ＞ B2

A3 ＞ B3

从以上条件能推出 A1 ＞ B3，无法推出 B1 ＞ A2、B2 ＞ A3，尽管说齐王的每一等马都比田忌的马强，但只有定性的说明，没有定量的刻画。东方式思维方式决定了人们多是“差不多主义”，模糊地想当然地认为理应如此。这和数学严密的逻辑推理是背离的。因此，学生提出的第七个问题值得引起重视。

（2）应用范围窄。对于战争、赌博，学生很陌生，也不适合让他们了解。教师又不能引导学生做违反规则、投机取巧的事，因为涉及“情感、态度、价值观”的培养。所以对于教师来讲，学生提出的用在哪儿，教师有点欲说还休的尴尬。只有团体赛有它应用的价值，可是学生又参与甚少，缺少活动经验。

（3）不适合“情感、态度、价值观”教育。“田忌赛马”故事的明线告诉我们：同样的马匹，由于田忌改变了排列组合，从而实现了由败到胜的转变。从而表明客观事物内部排列组合不同，往往会引起量的变化进而导致质变。

背后暗线不可回避与否认：遵守规则和契约将会失败，破坏规则可以出奇制胜。用下等马假充上等马、上等马假充中等马、中等马假充下等马与齐威王比赛，为达目的不择手段……如果这种思想植入孩子的灵魂深处，就会养成不讲规则、不守契约、坑蒙拐骗、损人利己的不良品格，不适合培养健全人格的育人原则。就像严复所说的：“华风之弊，八字尽之。始于作伪，终于无耻。”绝非危言耸听，应该引起我们的关注。

作为数学教师，不能只从数学角度教数学，而要从育人的角度教数学，因为“数也载道”。对本课要从正反两个方面认识：一方面为学生营造感悟的空间，实践体验解决问题的多种策略，把外化的“做”浓缩为内隐的“思”作为教学重点；另一方面也要引导他们知道哪些事我们只能了解，不可以在实践中应用，对学生进行如规则意识、契约意识、诚信、公平、正义等方面的引导。基于此，我觉得本教材内容从知识传授与能力培养的角度看，固然无可厚非，但从情感、态度、价值观的角度讲，未免有些差强人意。

# 第六节　希尔伯特和他的 23 个问题

## 一、希尔伯特和他的 23 个数学问题

希尔伯特（Hilbert，1862—1943）是 20 世纪上半叶德国乃至全世界最伟大的数学家之一。他在横跨两个世纪的 60 年的研究生涯中，几乎涉及了现代数学所有前沿领域，从而把他的思想渗透整个现代数学。希尔伯特是哥廷根数学学派的核心，其以勤奋的工作和真诚的个人品质吸引了来自世界各地的青年学者，使哥廷根的传统在世界范围内产生影响。希尔伯特去世时，德国《自然》杂志发表过这样的观点：现在世界上难得有一位数学家的工作不是以某种途径导源于希尔伯特的工作。他像是数学世界的亚历山大，在整个数学版图上，留下了他那显赫的名字。

1900 年，希尔伯特在巴黎数学家大会上作了题为“数学问题”的演讲，提出了 23 个最重要的问题供 20 世纪的数学家去研究，这就是著名的“希尔伯特 23 个问题”。希尔伯特 23 个问题对推动 20 世纪数学的发展起了积极的作用。在许多数学家的努力下，希尔伯特问题中的大多数在 20 世纪得到了解决。

希尔伯特 23 个问题中未能包括拓扑学、微分几何等领域，除数学物理外很少涉及应用数学，更不曾预料到电脑发展将对数学产生重大影响。20 世纪数学的发展实际上远远超出了希尔伯特所预示的范围。

希尔伯特问题中的 1 ~ 6 是数学基础问题、7 ~ 12 是数论问题、13 ~ 18 属于代数和几何问题、19 ~ 23 属于数学分析，具体如表 4–3 所示。

表 4–3　希尔伯特 23 个数学问题

| 序号 | 主旨 | 进展 | 说明 |
| --- | --- | --- | --- |
| 第 1 题 | 连续统假设 | 部分解决 | 1963 年美国数学家保罗·柯恩以力迫法（forcing）证明连续统假设不能由 ZFC 推导。也就是说，连续统假设成立与否无法由 ZFC 确定 |
| 第 2 题 | 算术公理之相容性 | 未解决 | 库尔特·哥德尔在 1931 年证明了哥德尔不完备定理 |
| 第 3 题 | 两四面体有相同体积之证明法 | 已解决 | 希尔伯特的学生马克斯·德恩以一反例证明了是不可以的 |
| 第 4 题 | 建立所有度量空间使得所有线段为测地线 | 太隐晦 | 希尔伯特对于这个问题的定义过于含糊 |
| 第 5 题 | 所有连续群是否皆为可微群 | 已解决 | 1952 年格列森等已得到完全肯定的结果 |
| 第 6 题 | 公理化物理 | 非数学 | 对于物理学能否全盘公理化，有很多人质疑 |
| 第 7 题 | 若 6 是无理数、a 是非 0、1 代数数，那么以是否超越数 | 已解决 | 分别于 1934 年、1935 年由盖尔范德与施耐德独立地解决 |

续表

| 序号 | 主旨 | 进展 | 说明 |
| --- | --- | --- | --- |
| 第 8 题 | 黎曼猜想及哥德巴赫猜想和孪生素数猜想 | 未解决 | 张益唐于 2013 年证明了弱孪生素数猜想 |
| 第 9 题 | 任意代数数域的一般互反律 | 部分解决 | 1921 年日本的高木贞治，1927 年德国的埃米尔·阿廷各有部分解答 |
| 第 10 题 | 不定方程可解性 | 已解决 | 1970 年苏联数学家马蒂塞维奇证明：在一般情况答案是否定的 |
| 第 11 题 | 代数系数之二次形式 | 已解决 | 有理数的部分由哈塞解决，实数的部分则由希格尔解决 |
| 第 12 题 | 扩展代数数 | 部分解决 | 1920 年高木贞治开创了阿贝尔类域理论 |
| 第 13 题 | 以二元函数解任意七次方程 | 已解决 | 1957 年阿诺尔德证明其不可能性 |
| 第 14 题 | 证明一些函数完全系统（Completesystem of functions）之有限性 | 已解决 | 1958 年日本人永田雅宜提出反例 |
| 第 15 题 | 舒伯特列举微积分（Schubert's enumerativecalculus）之严格基础 | 部分解决 | 一部分在 1938 年由范德瓦登给出严谨的证明 |
| 第 16 题 | 代数曲线及表面之拓扑结构 | 未解决 | |
| 第 17 题 | 把有理函数写成平方和分式 | 已解决 | 1927 年埃米尔·阿廷已解决实封闭域 |
| 第 18 题 | 非正多面体能否密铺空间、球体最紧密的排列 | 部分解决 | 1910 年比伯巴赫做出“n 维空间由有限多个群嵌成” |
| 第 19 题 | 拉格朗日系统（Lagrangian）之解是否皆可解析（Analytic） | 部分解决 | 1904 年由俄国数学家伯恩施坦得出一些结果 |
| 第 20 题 | 所有有边界条件的变分问题（Variationalproblem）是否都有解 | 已解决 | |
| 第 21 题 | 证明有线性微分方程有给定的单值群（monodromygroup） | 已解决 | |
| 第 22 题 | 以自守函数（Automorphicfunctions）可解析关系 | 部分解决 | |
| 第 23 题 | 变分法的长远发展 | 未解决 | |

1975 年，在美国伊利诺斯大学召开的一次国际数学会议上，数学家回顾了四分之三个世纪以来希尔伯特 23 个问题的研究进展情况。当时统计，约有一半问题已经解决了，其余一半的大多数也都有重大进展。

1976 年，在美国数学家评选的自 1940 年以来美国数学的十大成就中，有三项与希尔伯特第 1、第 5、第 10 个问题相关。由此可见，能解决希尔伯特问题，是当代数学家的无上光荣。

## 二、23个数学问题的研究进展

下面摘录的是1987年出版的《数学家小辞典》以及其他一些文献中收集的希尔伯特23个问题及其解决情况：

### 1. 连续统假设

1874年，康托猜测在可列集基数和实数基数之间没有别的基数，这就是著名的连续统假设。1938年，哥德尔证明了连续统假设和世界公认的策梅洛—弗兰克尔集合论公理系统的无矛盾性。1963年，美国数学家科亨证明连续统假设和策梅洛—弗兰克尔集合论公理是彼此独立的。因此，连续统假设不能在策梅洛—弗兰克尔公理体系内证明其正确性与否。希尔伯特第1个问题在这个意义上已获解决。

### 2. 算术公理的相容性

欧几里得几何的相容性可归结为算术公理的相容性。希尔伯特曾提出用形式主义计划的证明论方法加以证明。1931年，哥德尔发表的不完备性定理否定了这种看法。1936年德国数学家根茨在使用超限归纳法的条件下证明了算术公理的相容性。

1988年出版的《中国大百科全书》数学卷指出，数学相容性问题尚未解决。

### 3. 两个等底等高四面体的体积相等问题

问题的意思是，存在两个等底等高的四面体，它们不可分解为有限个小四面体，使这两组四面体彼此全等。德恩于1900年即对此问题给出了肯定解答。

### 4. 两点间以直线为距离最短线问题

此问题提得过于一般，满足此性质的几何学很多，因而需增加某些限制条件。1973年，苏联数学家波格列洛夫宣布，在对称距离情况下，此问题获得解决。

《中国大百科全书》说，在希尔伯特之后，在构造与探讨各种特殊度量几何方面有许多进展，但问题并未解决。

### 5. 一个连续变换群的李氏概念

定义这个群的函数不假定是可微的，这个问题简称连续群的解析性，即是否每一个局部欧氏群都一定是李群？中间经冯·诺伊曼（1933，对紧群情形）、邦德里雅金（1939，对交换群情形）、谢瓦莱（1941，对可解群情形）的努力，1952年由格利森、蒙哥马利、齐宾共同解决，得到了完全肯定的结果。

### 6. 物理学的公理化

希尔伯特建议用数学的公理化方法推演出全部物理，首先是概率论和力学。1933年，苏联数学家柯尔莫哥洛夫实现了将概率论公理化。后来在量子力学、量子场论方面取得了很大成功。但是物理学是否能全盘公理化，很多人表示怀疑。

7. 某些数的无理性与超越性

1934 年，盖尔范德和施耐德各自独立地解决了该问题的后半部分，即对于任意代数数 a 关 0，1 和任意代数无理数 6 证明了以的超越性。

8. 素数问题（包括黎曼猜想、哥德巴赫猜想及孪生素数问题等）

一般情况下的黎曼猜想仍待解决。哥德巴赫猜想的最佳结果属于陈景润（1966），但离最终解决尚有距离。目前孪生素数问题的最佳结果也属于陈景润。

9. 在任意数域中证明最一般的互反律

该问题已由日本数学家高木贞治（1921）和德国数学家埃米尔·阿廷（1927）解决。

10. 丢番图方程的可解性

能求出一个整系数方程的整数根，称为丢番图方程可解。希尔伯特问：能否用一种由有限步构成的一般算法判断一个丢番图方程的可解性？ 1970 年，苏联的马蒂塞维奇证明了希尔伯特所期望的算法不存在。

11. 代数系数之二次形式

哈塞和西格尔在这个问题上获得了重要结论。

12. 扩展代数数

将阿贝尔类域上的克罗克定理推广到任意的代数有理域上去，这一问题只有一些零星的结果，离彻底解决还相差很远。

13. 以二元函数解任意七次方程

不可能用只有两个变数的函数解一般的七次方程，七次方程的根依赖于 3 个参数 $a$、$b$、$c$，即 $x=x(a, b, c)$。这个函数能否用二元函数表示出来？苏联数学家阿诺尔德解决了连续函数的情形（1957），维士斯金又把它推广到了连续可微函数的情形（1964）。但如果要求是解析函数，则问题尚未解决。

14. 证明某类完备函数系的有限性

这和代数不变量问题有关。1958 年，日本数学家永田雅宜给出了反例。

15. 舒伯特计数演算的严格基础

一个典型问题是：在三维空间中有四条直线，问有几条直线能和这四条直线都相交？舒伯特给出了一个直观解法。希尔伯特要求将问题一般化，并给以严格基础。现在已有了一些可计算的方法，它和代数几何学不密切联系。但严格的基础迄今仍未确立。

16. 代数曲线和代数曲线面的拓扑问题

这个问题分为两部分：前半部分涉及代数曲线含有闭的分支曲线的最大数目，后半部分要求讨论的极限环的最大个数和相对位置，其中 $X$、$Y$ 是 $x$、$y$ 的 $n$ 次多项式。苏联的彼得罗夫斯基曾宣称证明了 $n=2$ 时极限环的个数不超过 3，但这一结论是错误的，已由中国数学家举出反例（1979）。

**17. 把有理函数写成平方和分式**

半正定形式的平方和表示一个实系数 $n$ 元多项式对一切数组（$x_1$，$x_2$，…，$x_n$）都恒大于或等于 0，是否都能写成平方和的形式？1927 年阿廷证明这是对的。

**18. 用全等多面体构造空间**

此问题由德国数学家比伯马赫（1910）、莱因哈特（1928）做出部分解决。

**19. 正则变分问题的解是否一定解析**

对这一问题的研究很少。伯恩斯坦和彼得罗夫斯基等得出了一些结果。

**20. 一般边值问题**

这一问题进展十分迅速，已成为一个很大的数学分支。目前还在继续研究。

**21. 证明有线性微分方程有给定的单值群**

具有给定单值群的线性微分方程解的存在性证明已由希尔伯特本人（1905）和罗尔（1957）解决。

**22. 由自守函数构成的解析函数的单值化**

它涉及艰辛的黎曼曲面论，1907 年克伯获重要突破，其他方面尚未解决。

**23. 变分法的进一步发展**

这并不是一个明确的数学问题，只是谈了对变分法的一般看法。20 世纪以来变分法有了很大的发展。

这 23 个问题涉及现代数学大部分重要领域，推动了 20 世纪数学的发展，对于 21 世纪数学的发展，还将产生深远的影响。

## 第七节　四色问题

### 一、四色问题的由来

四色问题又称四色猜想，是世界近代三大数学难题之一，另外两个是费马大定理和哥德巴赫猜想。1852 年，毕业于伦敦大学的弗兰西斯 · 格思里（Francis Guthrie）在一家科研单位搞地图着色工作时，发现了一种有趣的现象：每幅地图都可以用四种颜色着色，使得有共同边界的国家着上不同的颜色。这个结论能不能从数学上加以严格证明呢？他和在大学读书的弟弟决心试一试。兄弟二人为证明这一问题而使用的稿纸堆了很高，可是研究工作没有进展。

1852 年 10 月 23 日，他的弟弟就这个问题的证明请教他的老师、著名数学家摩尔根，摩尔根也没能找到解决这个问题的途径，于是写信向自己的好友、著名数学家哈密顿爵士请教。哈密顿接到摩尔根的信后，开始对四色问题进行论证，但直到 1865 年哈密顿逝世为止，问题也没能解决。

1872 年，英国当时最著名的数学家凯莱正式向伦敦数学学会提出了这个问题，于是四色问题成为世界数学界关注的问题。四色问题的内容是：任何一张地图只用四种颜色就能使具有共同边界的国家着上不同的颜色。用数学语言表示，即，将平面任意地分为不相重叠的区域，每一个区域总可以用 1、2、3、4 这四个数字之一来标记而不会使相邻的两个区域得到相同的数字。这里所指的相邻区域，是指两区域有一整段边界是公共的。如果两个区域只相遇于一点或有限多点。

## 二、四色问题的前期研究

凯莱（Cayley，1821—1895）在一次数学年会上把这个问题归纳为四色问题，并于 1879 年在英国皇家地理会刊的创刊号上，公开征求四色问题的解答。

世界上许多一流的数学家都纷纷参加了四色问题的“大会战”。在征解消息发出的同年，一位半路出家的数学家肯普，发表了一个关于四色问题的证明。这使轰动一时的四色问题很快平息下来，人们普遍以为四色问题已经成为历史。

肯普是用归谬法来证明的，大意是如果有一张正规的五色地图，就会存在一张国数最少的极小正规五色地图，如果极小正规五色地图中有一个国家的邻国数少于六个，就会存在一张国数较少的正规地图仍为五色的，这样一来就不会有极小五色地图的国数，也就不存在正规五色地图了。这样肯普就认为他已经证明了四色问题，但是后来人们发现他错了。

不过肯普的证明阐明了两个重要的概念，为以后此问题的解决提供了帮助。第一个概念是“构形”。他证明了在每一张正规地图中至少有一国具有两个、三个、四个或五个邻国，不存在每个国家都有六个或更多邻国的正规地图。也就是说，由两个邻国、三个邻国、四个或五个邻国组成的一组构形是不可避免的，每张地图至少含有这四种构形中的一个。

肯普提出的另一个概念是“可约性”。“可约”这个词来自肯普的论证。他证明了只要五色地图中有一国具有四个邻国，就会有国数减少的五色地图。自从引入“构形”“可约”概念后，通过检查构形以决定是否可约的一些标准方法得到发展，从而能够寻求可约构形的不可避免组，这是证明四色问题的重要依据。但要证明大的构形可约，需要检查大量的细节，这是相当复杂的。

不料过了 11 年，即 1890 年，一个名叫赫伍德的青年，指出了肯普在证明中的错误，从而使这一问题，又重新燃起了熊熊烈火！与此同时，赫伍德匠心独运，利用肯普提供的方法，成功地证明了用五种颜色能够区分地图上相邻的国家。这算是在向四色问题“进军”中的第一个重大突破！

赫伍德关于五色定理的证明其实并不难。首先，他将问题加以简化，即把原图上的每个顶点，换成围绕顶点的一个小区域。很明显，如果后一张地图能够用五种颜色染色，那么原图也一定能够用五种颜色染色，所以可以只讨论顶点是三个国家界点的地图。

现在转到证明本身。设 $f_2$ 是边界只有 2 个顶点的国家数 $f_3$ 是边界有 3 个顶点的国家数……显然，国家总数目 $f=f_2+f_3+f_4+\cdots$。

由于 $f_2$ 类国家有 2 个顶点，因而有 2 条边界，从而这类国家共有 $2f_2$ 条边界。同理 $f_3$ 类国家共有 $3f_3$ 条边界。如此等等。又由于每条边界都连接着 2 个国家，从而边界总数目 $e$ 满足

$2e=2f_2+3f_3+4f_4+\cdots$

对于顶点总数目 $v$，同理有

$3v=2f_2+3f_3+4f_4+\cdots$

由以上两式得

$3v=2e$

这里要用到欧拉给出的公式，顶点数 $v$、棱数 $e$、面数 $f$ 有如下关系：

$v+f=e+2$

消去 $e$ 可得

$6f=3v+12$ 即

$6(f_2+f_3+f_4+\cdots)=(2f_2+3f_3+4f_4+\cdots)+12$

化简得

$4f_2+3f_3+2f_4+f_5=12+f_7+2f_8+\cdots$

由于上式右端不小于 12，因而左端必有一项大于 0。这样，赫伍德便得到了一个很重要的结论：每张交点有三个国家相遇的地图，至少有一个国家边界数不多于 5。

接下来赫伍德用数学归纳法证明：当国家数 $f=2$ 时命题显然成立。

假设 $f\leq k$ 时命题成立，即对所有交点有三个国家相遇，且国家数不多于々的地图，可用五种颜色染色。

则当 $f=k+1$ 时，根据前面所说，这样的地图必有一个边数不多于 5 的国家，不妨令 A 就是这样的国家。

很明显，与国家 A 相邻的国家，不外乎三种情况：有一个国家与 A 有两条边界；与 A 相邻的两个国家本身有共同的边界；不存在环形的情况。不难理解，无论上面三种情形的哪一种，在 A 的邻国中，总存在两个不相邻的国家。

假设 $A_1$ 与 $A_3$ 是两个不相邻的国家，现在去掉 A 与 $A_1$、$A_3$ 的边界，则新图有 $k-1$ 个国家，因而这样的图能用五种颜色染色。

设此时（$A+A_1+A_3$）染甲色；$A_2$、$A_4$、$A_5$ 分别染乙、丙、丁色。添上两条边界，变回原图，再让 A 染上第五种颜色。于是，原图已被五种颜色染色。

这就是说，命题对于 $f=k+1$ 成立。

综上所述，根据归纳假设，即针对所有交点有三个国家相遇的地图，只要用五种颜色染色就足够了。

赫伍德就这样证明了五色定理。

正因为五色定理的证明不是很难，与费马大定理及哥德巴赫猜想不同，有不少数学家小看了四色问题。伟大物理学家爱因斯坦的数学导师闵可夫斯基（Minkowski，1864—1909）教授，就是其中最为典型的一个。他认为四色问题之所以没有很快解决，是因为世界上一流的数学家没有去研究它。

有一次，闵可夫斯基教授给学生上课时偶然间提到这个问题，随之即兴推演，似乎成竹在胸，写了满满一个黑板，但命题仍未得证。第二次上课，闵可夫斯基又继续推演，结果仍是满怀信心进教室，垂头丧气下讲台。如此这般折腾了几个星期，教授终于精疲力竭。一天，他走进教室，疲惫地注视着依旧写着“证明”的黑板。此时适逢雷电交加，他终于醒悟，并愧疚地承认：“上帝在责备我，四色问题我无能为力！”这以后，全世界数学家都掂出了四色问题的沉重分量。

## 三、四色问题的攻克

人类面对着又一个世界难题。进入20世纪以来，科学家对四色问题的证明基本上是按照肯普的想法在进行。1913年，美国著名数学家伯克霍夫利用肯普的想法，结合自己的新设想，证明了某些大的构形可约。后来美国数学家富兰克林于1939年证明了22国以下的地图都可以用四色着色。1950年，有人从22国推进到35国。1960年，有人又证明了39国以下的地图可以只用四种颜色着色，随后又推进到了50国。看来这种推进仍然十分缓慢。

这的确是一条布满荆棘、令人生畏的路！其主要困难是构形的可能性太多，需要做两百亿次的逻辑判定，这远不是一个人的力量所能做到的，人们对此望而生畏了。

就在这时，科学的地平线上出现了一道曙光！电子计算机的运用，使四色问题的证明有了希望。然而在20世纪70年代初，即使是电子计算机，也要连续计算11年半！这是何等艰难的事情！但人类并有没放弃这种机会。进军的号角吹响了！科学家通力合作，一面不断改进方法减少判断次数，一面继续提高计算机的计算速度，使问题的解决终于有了眉目。

电子计算机问世以后，由于演算速度迅速提高，加之人机对话的出现，大大加快了证明四色问题的进程。美国伊利诺伊大学哈肯在1970年着手改进“放电过程”，后与阿佩尔合作编制一个很好地程序。就在1976年6月，他们在美国伊利诺斯大学的两台不同的计算机上，用了1200个小时，做了100亿次判断，终于完成了四色定理的证明，轰动了世界。

电波传来，寰宇震动！数学史上的三大难题之一，在人与计算机的“合作”下，终于被征服了！为纪念这一历史性的时刻与史诗般的功绩，在宣布四色定理得证的当天，伊利诺斯大学邮局加盖了这样的邮戳："Fourcolorssuffice!"（四种颜色足够了！）

四色问题的证明不仅解决了一个历时 100 多年的难题，而且成为数学史上一系列新思维的起点。在四色问题的研究过程中，不少新的数学理论随之产生，也发现了很多数学计算技巧，如将地图的着色问题化为图论问题，丰富了图论的内容。不仅如此，四色问题在有效地设计航空班机日程表、设计计算机的编码程序上都起到了推动作用。

不过不少数学家并不满足于计算机取得的成就，这一证明并不被所有的数学家接受，以至于有人这样评论"一个好的数学证明应当像一首诗——而这纯粹是一本电话簿！"因为它不能由人工直接验证。他们认为应该有一种简洁明快的书面证明方法。直到现在，仍有不少数学家和数学爱好者在寻找更简洁的证明方法。

# 第五章　数学课堂理论

## 第一节　数学教育目标和追求

### 一、1949 年前我国数学教育目标

我国的新学堂从 1862 年的京师同文馆开始，在相当长的一个时期内，全国各地的新式学堂虽然也有数学教育，却没有教学大纲，也没有全国统一的教学目的或目标。

#### （一）清政府颁布的初中数学教育目标

从 1903 年的“癸卯学制”（《奏定学堂章程》）开始，我国初中阶段的算学（数学）教学就有了明确的目的或目标。1904 年的中学堂五年算学教学要求是：

先讲算术；笔算讲加减乘除、分数小数、比例百分数，至开平方开立方而止；珠算讲加减乘除而止。

兼讲簿记之学，使知诸账簿之用法及各种计算表之制式；次讲平面几何及立体几何初步，兼讲代数。

凡教算学者，其讲算术，解说务须详明，立法务须简捷，兼详运算之理，并使习熟于速算。其讲代数，贵能简明解释数理之问题；其讲几何，须详于论理，使得应用于测量求积等法。

#### （二）民国时期的数学教育目标

1912 年 12 月，“中华民国”教育部颁布了《中学校令施行规则》，有关数学教学条文中规定：

数学要旨，在明数量之关系，熟之计算，并使其思虑精确。数学宜授以算术、代数、几何及三角法。女子中学校数学可减去三角法。

在上面两个要求中，还没有使用“目标”一词，涉及的内容有知识方面的要求，也有解决“问题”“思虑”等要求。与现在的教学目的或目标比，还很不全面。

1923 年，南京政府教育部成立的中小学课程标准起草委员会，制定了新学制课程标准纲要，实行学分制，每半年度每周上课 1 小时为 1 学分，初级中学实行 3 年制，必修算

学课程为 30 学分。算学课程要达到以下目的：

使学生能依据数理关系，推求事物当然的结果。

供给研究自然科学的工具。

适应社会生活的需求。

以数学的方法，发展学生论理的能力。

初中算学，以初等代数、几何为主，算术、三角辅之，采用混合方法。毕业时最低限度的标准是：

能熟习算术各项演法，应用日常生活，不致错误。

能做代数普通应用问题（不包括高次方程）。

能证解平面几何普通问题。

略知平面三角初步知识。

这是我国中学数学教育史上第一次使用算学课程“目的”一词。目的的内容也有所发展，有知识要求，也提出了有关“能力”的要求，尽管能力的内涵较窄，可它是首次在我国初中数学课程目的中明确写有“能力”。

1929 年，颁发了《初级中学算学暂行课程标准》。初级中学设 14 个科目，共 180 学分，算学 30 学分，其目标是：

助长学生日常生活中算学的知识和经验。

使学生能了解并应用数量的概念及其关系，以发展正确的思想、分析的能力，并养成敏速的计算习惯。

引起学生研究自然环境中关于数量问题的兴趣。

这里，把 1923 年的“目的”改成了“目标”。毕业最低限度为：

对于算术和代数的计算，做得快而不错。

对于算术和代数的普通问题，要会用分析法找出关系来解决，并能验算。

对于普通几何定理和作图，要会用分析法找出证明和作图方法，写出的式子要有根据。

对于三角要明了三角函数的意义，并会用三角函数解决浅近应用问题。

在校外生活中，要能引用算学知识和经验，解决日常生活问题。

该标准于 1932 年进行了修订，初级中学算学由 30 学分改为 28 周学时，课程目标扩充为：

（1）使学生能分别了解形象与数量之性质及关系，并知运算之理由与法则。

（2）训练学生关于计算及作图之技能，养成计算纯熟准确、作图美洁精密之习惯。

（3）供给学生日常生活中算学之知识，及研究自然环境在数量问题之工具。

（4）使学生能明了算学之功用，并欣赏其立法之精、应用之博，以启发向上搜讨之志趣。

（5）据“训练在相当情形能转移”之原则，以培养学生良好之心理习惯与态度，如富有研究事理之精神与分析之能力；思想正确，见解透彻；注意力能集中持久不懈；有爱好条理明洁之习惯。

这个目标以计算为中心，注意了算学应用、分析能力和习惯、态度、兴趣的培养。要求教学中对基本观念，务求彻底明了。教学中用分科并教制，或混合制，可由各校自行酌定。不拘泥用何种方式，但须随时注意各科之联络并保持固有之精神。

在 1936 年修订的《初级中学算学课程标准》中该目标没有变化。但到 1941 年，《修正初级中学数学课程标准》中的目标有一定的变化，具体如下：

（1）使学生了解形与数之性质及关系，并知运算之理由与方法。

（2）供给学生日常生活中数学之知识，及研究自然环境中数量问题之工具。

（3）训练学生关于计算及作图之技能，养成计算准确迅速、作图精密整洁之习惯。

（4）培养学生分析能力、归纳方法、函数观念及探讨精神。

（5）使学生明了数学之功用，并欣赏其立法之精、应用之博，以启发向上搜讨之兴趣。

可以看出，与1936年的目标相比，能力方面的要求进一步提高，文字叙述更简明。在“实施方法概要”中仍要求教学中注意采用融合精神，随时注意表示，几何中多用代数证明。减少抽象之理论，增加实用教材，无取太严密之论理，注重学习心理。应多从实际问题出发，逐步分析归纳，不宜仅用演绎推理。计算之准确及迅速，作图之精密及整洁，务须随时注意训练。应注意培养学生自动探讨之能力，多用启导方法，少用讲演注入。并要努力引起学生之趣，对劣等生宜进行个别指导，优等生应多给予课外参考材料。

1941 年，教育部根据第三次全国教育会议做出关于“设六年制中学，不分初高中，并为奖励清寒优秀子弟获得人才教育起见，六年制中学应多设奖学金额”之决议，制定了课程标准草案。1941 年 9 月公布草案，目标专为升学准备，认为选择学生宜从严。《六年制中学数学课程标准草案》明确数学课程目标是：

（1）介绍学生形象与数量之基本观念，使能了解其性质，及二者之关系，并明了运算之理由与法则，及各分科呼应一以贯之原理，而确立普通数学教育之基础。

（2）供给学生解决日常生活中数量问题之工具，及研究各学科所必需之数理知识，以充实其考验自然与社会现象之能力。

（3）训练学生计算及作图之技能，使能纯熟而准确、精密而敏捷。

（4）注意启发学生之科学精神，养成学生函数观念。

（5）提示学生说明推证之方式，更于理论之深入与其应用之广阔，务使成平行之发展，使学生能确知数学本身之价值，并欣赏其立法之精微、效力之宏大，以启发其向上探讨及不断努力之志趣。

可以说，这个目标就当时战争形势复杂的社会实际而言，在知识与技能、能力与数学价值认识、科学精神与学习品质方面的要求较高，对培养国家急需的技术人才起到了良好的促进作用。

1948 年，国民政府教育部为适应当时的社会需要，对原课程标准又进行了修订，减少每周的教学时数，初级中学数学课程目标调整为：

了解形与数之性质及关系，并知运算之原则与方法。供给日常生活中数学之知识，及研究自然环境中数量问题。训练关于计算测量之工具及作图之技能，有计算准确迅速及精密整洁之习惯。培养以简驭繁、以已知推未知之能力。

这个标准中初中算术与代数以计算为中心，几何以教学作图为主，重数学实际的应用，并把推理能力写入了目标。

由上面的目标变化可以清楚地看出，初中数学教学的目标从单一的知识技能要求，到增加“论理能力”“分析能力”“以简驭繁、以已知推未知之能力”，以及“培养学生良好之心理习惯与态度”“启发其向上探讨及不断努力之志趣”等等，一步一步丰富、全面，反映出数学教育水平在逐步提高。

## 二、1949—1966 年数学教育目标

数学教育目的总是与各个时代的政治、经济、文化、科技发展密切相关。新中国成立之初，课程由国家高度集中统一。数学教育从学习美英为主的西方模式转变为全面学习苏联，数学教育目的是仿照苏联制定的。经过“大跃进”和调整反思之后，1963 年基本形成自己的特色，遗憾的是，由于“文化大革命”的破坏，到 20 世纪 80 年代，具有我国特色的数学教育目的描述才有较为稳定的表述并得以实行。

新中国成立后，1950 年 2 月，教育部中等教育司召开普通中学数理化教材精简座谈会，对初中算术、代数、平面几何的教学和教材精简做了具体的规定，如《初中算术精简纲要（草案）》中规定普通中学教学算术的主要目的是：在学生的小学基础之上进一步地学习整分小数和比例的运算道理，很熟练地掌握其演算技能，以作为学习其他自然科学和解决工作及生活上一些问题之用。因此凡是在学习其他自然科学和工作、生活上常用的问题就应该多学，而且应该学好。反之，就可以少学，甚至可以不学（至于在其他科目中亦可学到的问题，如不妨碍整个课程的进行亦可省略不讲），力求简精，以达到“理论与实际联系”“学以致用”的目的。但数学精简纲要中，没有给出初中数学整体的教学目的。

1951 年，教育部为召开第一次全国中学教育会议起草了《课程标准草案》，并经过该会议讨论通过。这个草案提出两个方案，即“第一案”和“第二案”，其主要区别是“第二案”高中不设平面几何，删减部分内容，有关内容放到初中平面几何中。其中的《中学数学科课程标准草案》“总纲”中第一条就是“目标”：

（1）形数知识：本科以讲授数量计算、空间形式及其相互关系之普通知识为主。

（2）科学习惯：本科教学须因数理之谨严以培养学生观察、分析、归纳、判断、推理等科学习惯，以及探讨的精神、系统的好风尚。

（3）辩证思想：本科教学须相机指示因某数量（或形式）之变化所引起之量变质变，借以启发学生之辩证思想。

（4）应用技能：本科教学须训练学生熟习工具（名词、记号、定理、公式、方法）

使能准确计算，精密绘图，稳健地应用它们去解决（在日常生活、社会经济及自然环境中所遇到的）有关形与数的实际问题。

1952 年，颁布了新中国第一个中学数学教学大纲，即《中学数学教学大纲（草案）》。中小学采用 12 年制，按“六三三”分配。中学数学分科为算术、代数、几何、三角等，去掉了解析几何，主要是学习苏联的经验。这在当时，对于清除半封建半殖民地教育的影响、改革不合理的教育制度，起到了重要的作用。但是也出现了结合中国实际不够、生搬硬套的偏向，如在我国 12 年制学校中盲目照搬苏联 10 年制教材，取消解析几何，降低了中小学的知识水平。此大纲规定中学数学教学目的是：

教给学生以数学的基础知识，并培养他们应用这些知识来解决实际问题所必需的技能和熟练技巧。当然还要贯彻新民主主义教育的一般任务，形成学生辩证唯物主义的世界观，培养他们新的爱国主义以及民族自尊心，锻炼他们的坚强的意志和性格。

1954 年，教育部对《中学数学教学大纲（草案）》做了修订，10 月颁布《中学数学教学大纲（修订草案）》，提出了“思想教育”的目标。

要求教师在讲授数学的教程中，要以社会主义思想教育学生，要充分联系我国社会主义建设中各方面的成就与情况，以培养他们成为积极参加社会主义建设和保卫祖国的全面发展的新人。

1956 年，教育部对 1954 年的《中学数学教学大纲（修订草案）》再度修订，中学数学教学的目的明确为：

教给学生有关算术、代数、几何和三角的基础知识，培养他们应用这些知识解决各种实际问题的技能和技巧，发展他们的逻辑思维和空间想象力。

同时，要求特别指出要以社会主义思想教育学生，注意基本生产技术的教育。

1958 年，为适应当时的“大跃进”运动，教育部门也发动了“教育革命”，认为“在制订现行中、小学数学教学大纲和编写教科书的时候，没有很好地结合中国的实际，存在着比较严重的教条主义”。

1959 年 11 月，教育部召开“中小学数学座谈会”。会后，拟定了《关于修订中、小学数学教学大纲和编写中小学数学教材的请示报告》，在请示报告中，第一条就是“关于中、小学数学教学的目的的问题”，写道：现在还有一部分中、小学教师对中、小学数学的目的不够明确。有些教师“为数学而数学”，片面地强调理论知识，不注意结合我国经济建设，不重视技能、技巧的培养。另有少数教师注意了数学的应用，而对学生必须具备的基本知识重视不够，不注意逻辑思维的培养。当前的主要问题是前者不是后者。我们认为中、小学数学教学的目的应该是：

使学生获得数学的基本知识，掌握计算、作图和测量等技能技巧，并且能把这些知识和技能技巧运用到生活、生产和学习其他科学方面去；通过数学教学，发展学生的逻辑思维和空间想象力，向学生进行共产主义的思想政治教育，培养学生的辩证唯物主义观点。

因为这个报告 1960 年正式报送国务院文教办公室并得到同意，所以它实际上起到新的中小学数学教学大纲的作用。从上面的教学目的看，它首次提出了“发展学生的逻辑思维和空间想象力”“培养学生的辩证唯物主义观点”。这些精神是比较符合中国国情及社会发展需要的。在内容方面算术课全放到小学；初中学完平面几何和代数的二次方程；高中增设平面解析几何，并在代数中增加导数（后未增）和近似计算等内容。按此报告，人民教育出版社编写了一套“中学数学暂用课本”，供全国使用。此举在国内开创了不正式制订颁发大纲而编订教材的先例。

1960 年“大跃进”之风进一步深入教育界，同时受到国际上数学教育现代化的影响，国内提出反对各种教学的“少慢差费”现象，批判“量力性原则”，提出四个“适当”：适当缩短年限，适当提高程度，适当控制学时，适当增加劳动。于是当年 10 月，人民教育出版社提出《十年制学校数学教材的编辑方案（草稿）》，其基本思想是，用 10 年学完原来用 12 年学完的中小学课程，即用 5 年学完算术，用 5 年学完初高中数学的所有其他内容。“编辑方案（草稿）”中给出的十年制学校数学教学的目的是：

使学生掌握参加生产劳动和学习现代科学技术所必需的数学基础知识，能够运用这些知识熟练地进行计算、绘图和测量；发展学生的逻辑思维和空间想象力；培养学生的辩证唯物主义的观点。

这虽然是一个教材编写方案中写的，但实际上成了全国统一的数学教学目的。

1961 年起，教育工作在“调整、巩固、充实、提高”的方针指导下，进行了大幅度整顿，教育部颁行了《全日制中学暂行工作条例》，总结了新中国成立以来正反两方面的经验。1963 年，教育部颁行了新中国成立后的第四部中学数学大纲《全日制中学数学教学大纲（草案）》，中小学恢复“六三三”制。这个大纲里的中学数学教学的目的是：

使学生牢固地掌握代数、平面几何、立体几何、三角和平面解析几何的基础知识，培养学生正确而且迅速的计算能力、逻辑推理能力和空间想象能力，以适应参加生产劳动和进一步学习的需要。

这是初高中总的数学教学目的。它提出把“培养学生正确而迅速的计算能力、逻辑推理能力和空间想象能力”作为教学目的之一，第一次全面提出了“三大能力”。

## 三、1978—1988 年数学教育目标

1978 年，教育部颁布了《全日制十年制学校中学数学教学大纲（试行草案）》，并在全国各地试行。这是新中国成立后颁行的第五部中学数学教学大纲。这一大纲根据数学教育现代化的要求，指出中学数学教学的目的是：

使学生切实学好参加社会主义革命和建设，以及学习现代科学技术所必需的数学基础知识；具有正确迅速的运算能力、一定的逻辑思维能力和一定的空间想象能力，从而逐步培养学生分析问题和解决问题的能力。通过数学教学，向学生进行思想政治教育，激励学生为实现四个现代化学好数学的革命热情，培养学生的辩证唯物主义观点。

这个教学大纲把1963年大纲中的“计算能力”改为“运算能力”，“逻辑推理能力”改为“逻辑思维能力”，并且第一次提出“培养学生分析问题和解决问题的能力”。在教学内容的处理上，这一大纲首次提出“精简、渗透、增加”三个原则，初中数学提高到讲完二次函数、二次不等式，高中数学提高到微积分的程度，作为大纲要求，这在我国还是第一次。

1980年，对该大纲进行了修订，但教学目的没有变化。

1981年，教育部颁发了新的教学计划，将中学学制恢复为“三三”制（小学6年），制定了《全日制六年制重点中学教学计划（试行草案）》，相应的有《全日制六年制重点中学数学教学大纲（草案）》。

其教学目的与1978年的教学目的比，有一些小的改变，如把“使学生切实学好参加社会主义革命和建设，以及学习现代科学技术所必需的数学基础知识”改为“使学生切实学好从事现代化生产和进一步学习现代科学技术所必需的数学基础知识”，删去了“一定的逻辑思维能力和一定的空间想象能力”中的两个“一定”，将“从而逐步培养学生分析问题和解决问题的能力”改为“以逐步形成运用数学来分析问题和解决问题的能力”。在“思想政治教育”方面，去掉了“政治”二字，增加了培养“科学态度”，改成了“要结合教学内容向学生进行思想教育，激励学生为实现社会主义现代化学好数学的热情，培养学生的科学态度和辩证唯物主义世界观”。

1985年，教育部根据各地中学生、师资、学校条件很不平衡的现状，难以用统一的要求，因此决定调整高中数学教学内容，并实行两种要求，对初中数学的教学要求做了调整，降低了部分内容的要求，把一些习题改成了选做题，不作“中考”命题的范围。

1986年，《全日制十年制学校中学数学教学大纲（试行草案）》改为正式公布，不再是“试行草案”，教学目的是：

使学生切实学好参加社会主义现代化建设和进一步学习现代科学技术所必需的数学基础知识和基本技能；培养学生的运算能力、逻辑思维能力和空间想象能力，以逐步形成运用数学知识来分析和解决实际问题的能力。要培养学生对数学的兴趣，激励学生为实现四个现代化学好数学的积极性，培养学生的科学态度和辩证唯物主义的观点。

它对运算能力的要求删去了“正确迅速”的定语，把“培养学生对数学的兴趣”写进了目的，更加符合数学学科的实际。但由于实践中反映学生负担过重，所以1990年对该大纲做了修订，不过教学目的没有变。

## 四、1988—2000年数学教育目标

1986年，中华人民共和国全国人民代表大会通过了《中华人民共和国义务教育法》。全面提高民族的文化素质成为政府行为，国家改革开放深入发展，也急需公民文化素养的提升。为此，1988年，国家颁布了第一个《九年义务教育全日制初级中学数学教学大纲（初

审稿）》。大纲中对初中数学教育提出的教学目标是：

使学生切实掌握现代社会中每一个公民适应日常生活、参加生产和进一步学习所必需的代数、几何的基础知识与基本技能，包括直观的空间图形和统计的初步知识，进一步培养运算能力，发展思维能力和空间观念，并能够运用所学知识解决简单的实际问题。培养学生良好的个性品质和初步的辩证唯物主义观点。

大纲继承了原来大纲在实施中取得的经验，同时也根据数学教育发展改革的方向，提出了一些新观点。比如，关注人的全面发展，提出了培养德、智、体、美全面发展的人才；也明确要求改革教育思想、教学内容和教学方法；教与学的关系、知识与能力的关系等这些教学中的重要问题也写进了目标。这些对于指导教学发挥了重要作用。

1992 年，国家对 1988 年颁布的初审稿进行了修订，改为“试用”稿，即《九年义务教育全日制初中数学教学大纲（试用）》，总的教育目标没有多大变化，只是在知识技能的要求上将“使学生切实掌握……”改为“使学生学好……”，同时删去了“包括直观的空间图形和统计的初步知识”。

2000 年，国家颁布了《九年义务教育全日制初中数学教学大纲（试用修订版）》。修订版的总目标是：

数学的研究对象是空间形式和数量关系。在当代社会中，数学的应用越来越广泛，它是人们参加社会生活、从事生产劳动和学习、研究现代科学技术必不可少的工具，它的内容、思想、方法和语言已广泛渗入自然科学和社会科学，成为现代文化的重要组成部分。

初中数学是义务教育的一门主要学科。它是学习物理、化学、计算机等学科以及参加社会生活、生产和进一步学习的基础，对学生良好的个性品质和辩证唯物主义世界观的形成有积极作用。因此，使学生受到必要的数学教育，具有一定的数学素养，对于提高全民族素质，为培养社会主义建设人才奠定基础是十分必要的。

将培养学生的创新意识、实践能力写进大纲，具有重要的时代意义。当今科技的飞速发展，各行各业需要创新型的人才，数学教育理应承担相应的责任。这里提出是“培养创新意识”，而不是创新能力，也是适合初中学生的认知规律的。对初中学生而言，重要的是不要禁锢他们的思维，而要敢于大胆地想象、大胆地猜测，勤于动手，不能从小就不越雷池半步。同时，大纲只要求培养学生的“思维能力”，这里吸收了数学教育研究的新成果。数学教学不仅仅是发展学生的逻辑思维能力，还可以培养非逻辑的思维能力，甚至在工作与生活中，很多的思维并不一定要有逻辑性，另类思维更有创造性。

大纲中关于初中数学的教学目的是这样阐述的：

使学生学好当代社会中每一个公民适应日常生活、参加生产和进一步学习所必需的代数、几何的基础知识与基本技能，进一步培养运算能力，发展思维能力和空间观念，使他们能够运用所学知识解决简单的实际问题，并逐步形成数学创新意识。培养学生良好的个性品质和初步的辩证唯物主义的观点。

大纲还对各项目的做了具体解释。

基础知识是指：初中数学中的概念、法则、性质、公式、公理、定理以及由其内容所反映出来的数学思想和方法。

基本技能是指：能够按照一定的程序与步骤来进行运算、作图或画图、进行简单的推理。

逻辑思维能力主要是指会观察、实验、比较、猜想、分析、综合、抽象和概括；会用归纳、演绎和类比进行推理；会合乎逻辑地、准确地阐述自己的思想和观点；会运用数学概念、原理、思想和方法辨明数学关系，形成良好的思维品质，提高思维水平。

运算能力是指会根据法则、公式等正确地进行运算，并理解运算的算理；能够根据题目条件寻求与设计合理、简捷的运算途径。

空间观念主要是指能够由形状简单的实物想象出几何图形，由几何图形想象出实物；能够由较复杂的平面图形分解出简单的、基本的图形；能够在基本的图形中找出基本元素及其关系；能够根据条件做出或画出图形。

能够解决实际问题是指：能够解决带有实际意义的和相关学科中的数学问题，以及解决生产和日常生活中的实际问题；能够使用数学语言表达问题、展开讨论，形成用数学的意识。

培养创新意识主要指：对自然界和社会中的现象具有好奇心，不断追求新知、独立思考，会从数学的角度发现和提出问题，并用数学方法加以探索、研究和解决。数学教学中，发展思维能力是培养创新能力的核心。

良好的个性品质主要指的是：正确的学习目的，浓厚的学习兴趣、信心和毅力，实事求是、探索创新和实践的科学态度。

初中数学中培养学生的辩证唯物主义观点主要是指：数学来源于实践又反过来作用于实践的观点，数学内容中普遍存在的对立统一、运动变化、相互联系、相互转化等观点。

不难看出，义务教育初中数学教学大纲阐明了初中数学课程的地位和作用。大纲指出“使学生受到必要的数学教育，具有一定的数学素养，对于提高全民族素质，为培养社会主义建设人才奠定基础是十分必要的”。在初中数学的教学目的的表述方面也有新意。第一次对长期沿用于数学教学大纲及数学教育研究中的一些概念如基础知识、基本技能、数学能力等做出明确的界定，而且第一次提出“形成用数学的意识”“逐步形成数学创新意识”，“培养学生良好的个性品质”等21世纪公民所必须具备的素质要求。这对于数学教育工作面向全体学生、使学生主动地学习、促进学生全面发展有着重要的指导意义。

## 五、新一轮课程改革中的数学教育目标

进入21世纪以来，世界各国都在进行相应的课程改革。我国为了全面构建符合21世纪发展要求的基础教育，于2001年颁布了《全日制义务教育数学课程标准（实验稿）》，当年秋季在全国38个实验区进行新课改实验。2005年秋，全国全部使用按照课程标准编

制的教材授课。

2010 年国家对 2001 年颁布的实验稿进行了修订，改为“实验修订”稿，即《全日制义务教育数学课程标准（实验修订稿）》（以下简称为《标准》）。

《标准》做了如下六个方面的修改：

第一，对案例与结构做了调整。

一是前言内容作了较大的调整。在前言重点阐述了《标准》的指导思想、意义与功能。明确了《标准》应以《中华人民共和国义务教育法》和全面推进素质教育、培养创新型人才为依据，明确了《标准》的意义和功能。在前言中指出：“《标准》提出的数学课程理念和目标对义务教育阶段的数学课程与教学具有指导作用，所规定的课程目标和内容标准是义务教育阶段的每一个学生应当达到的基本要求。《标准》是教材编写、教学、评估和考试命题的依据。”

二是将课程目标中的关键术语的解释和所有比较完整的案例统一放在附录中，案例进行统一编号，便于查找和使用。这样大大减少了《标准》正文的篇幅。

第二，对基本理念做了修改。

一是阐述了数学的意义与性质，数学教育的作用和义务教育阶段数学课程的创新特征。“数学是研究数量关系和空间形式的科学。数学与人类的活动息息相关。……数学教育作为促进学生全面发展教育的重要组成部分，一方面要使学生掌握现代生活和学习中所需要的数学知识技能，另一方面要发挥数学在培养人的逻辑推理和创新思维方面的功能。……义务教育阶段的数学课程具有公共基础的地位，课程设计要适应学生未来生活、工作和学习的需要，使学生掌握必需的数学基础知识与基本技能，发展学生抽象思维和推理能力，培养学生应用意识和创新意识，并使学生在情感、态度与价值观等方面都得到发展。”

二是对基本理念的表述做了一些修改。《标准》提出的基本理念总体上反映了基础教育改革的方向，对个别表述的方式进行了修改。如将原来的“人人学有价值的数学，人人获得必需的数学，不同的人在数学上得到不同的发展”，改为“人人都能获得良好的数学教育，不同的人在数学上得到不同的发展”。将原来的第 3 条、第 4 条合并成一条，整体上阐述数学教学过程的特征，“数学活动是师生积极参与、交往互动、共同发展的过程。有效的数学互动是学生学与教师教的统一，学生是数学学习的主体，教师是数学学习的组织者、引导者与合作者。数学教学活动应激发学生兴趣，调动学生积极性，引发学生的数学思考，鼓励学生的创造性思维；要注重培养学生良好的数学学习习惯，掌握有效的数学学习方法”。

第三，对设计思路做了修改。

《标准》将原来设计思路表述不够清晰的地方做了较大的修改。主要是对四个方面的课程内容“数与代数”“图形与几何”“统计与概率”“综合与实践”做了明确的阐述。将“空间与图形”改为“图形与几何”。确立了“数感”“符号意识”等七个义务教育阶段数学教育的关键词，并给出描述。

第四，对学生培养目标做了修改。

对学生的培养目标在具体表述上做了修改，在几年实验研究的基础上，对于课程改革倡导的使学生经历数学学习过程，学会数学思考等方面的经验进行了概括，归纳出基本思想和基本活动经验。在“双基”的基础上，提出了“四基”，即基础知识、基本技能、基本思想和基本活动经验；对于问题解决能力方面，在原来分析问题和解决问题的能力的基础上，进一步提出培养学生发现问题和提出问题的能力。

第五，对具体内容和表述方式做了修改。

对于三个学段的具体内容进行了适当的调整。对“数与代数”“图形与几何”“统计与概率”和“综合与实践”四个领域的内容进行了适当的修改。

第六，对实施建议做了修改。

“实施建议”部分内容由原来按学段表述，改为三个学段整体表述，避免不必要的重复。

《标准》是指导21世纪学校数学教育第一轮改革的纲领性文件，它替代原来的《数学教学大纲》，在大纲的基础上有较大的发展。《标准》着眼于未来国民的素质，在素质教育目标下注重实现“人的全面发展”，由强调知识和技能转向同时关注学生学习的过程、方法、情感、态度和价值观，从强调以获取知识为首要目标转变为关注学生的终身学习与可持续发展。在课程目标方面，不再是按数学知识与技能、能力培养、思想教育三个部分进行描述，而是采用总体目标和学段目标的形式进行详细的阐述。

## 第二节　数学教育原则

我国的数学教育家对数学教育原则的研究也是十分活跃的，提出了很多原则体系，主要的有以下几个。

数学教育家曹才翰、蔡金法在《数学教育学概论》中，从数学学习的层次上将数学教学原则分为三个层次，每个层次又由若干个子原则组成，即

（1）目的性原则

目的性原则包括数学教学的思想性、科学性、教学与发展相结合等子原则。

（2）准备性原则

准备性原则包括提供丰富直观背景材料的原则、以广求深度的原则和整体性3个子原则。

（3）数学教学的技术性原则

曹先生的数学教育原则体系，强调了“教学过程本质是一种认识过程”“教学过程是一种特殊的认识过程”。他采用两个层次探讨数学教学原则体系是构建数学教学原则的一种新思路，突出了把一般教学论原则与数学教学的具体特点相结合。

数学教育家张奠宙、唐瑞芬、刘鸿坤在《数学教育学》一书中，从数学教育独具的特

点出发，提出了数学教学的原则体系：

（1）现实背景与形式模型互相统一的原则；

（2）解题技巧与程序训练相结合的原则；

（3）学生年龄特点与数学语言表达相适应的原则。

这里，数学教学过程中一些重要的操作活动得到了凸显，如“现实背景与形式模型互相统一的原则”是从现实与数学的关系出发，结合数学教学的形式、方法而提出的。解题教学是数学教学的重点部分，解题训练是提高学生数学素养的主要途径，把解题的技巧、训练方法作为一条数学教学原则提出来，在我国尚是首次。

张楚廷先生在《数学教学原则概论》中，先分别论述了数学教学应遵循的六条一般教学原则：智力培养与心力发展相结合、知识传授与能力培养相结合、思维训练与操作训练相结合、收敛思维训练与发散思维训练相结合、深入与浅出相结合、教师主导作用与学生主体作用相结合。然后又讨论了数学教学应遵循的四条特殊原则，即

（1）具体与抽象结合的原则；

（2）严谨与非严谨结合的原则；

（3）形式化与非形式化结合的原则；

（4）基础知识与实际应用结合的原则。

这个数学教学原则体系重视一般教学论原则对数学教学的指导作用，四条特殊原则吸收了近年来数学教学科研和实践的新成果，把一些新颖的观点纳入其中，有较浓的数学味道。

实施九年义务教育以来，随着学生结构和教材的变化，数学教育也发生了一些变化。陈重穆教授结合义务教育数学教育的特点，提出了三条数学教育原则：

（1）积极性原则

该原则包括教师的积极性（教师的敬业精神、幸福观）和学生的积极性（兴趣的原则、实用的原则、“识理”的原则、竞技的原则）。

（2）培养性原则

培养性原则包括通过数学能力培养一般能力，培养自学能力、认识能力、创造能力、逻辑思维能力。同时，需要因材施教，即要抓两头、抓个别、不本位主义。

（3）科学性原则

科学性原则包括从感性到理性、实践的原则，巩固与前进、整体性原则等内容。

上述三条教学原则是相互渗透、相互促进、密不可分的。这些原则注重了数学教学中人的能动性与教学内部机制的协调，如把教师和学生的积极性作为第一条原则，充分重视了人的主观能动作用；“培养性原则”是把数学素养的培养与非智力因素培养相结合，体现了现代数学教学的知情统一的要求。

田万海先生在《数学教育学》中阐述了数学教学必须遵循的三条原则：

（1）具体与抽象相结合的原则

高度的抽象性是数学学科有别于其他学科的一大特点。数学的抽象性把客观对象的所有其他特性抛开不管，而只抽象出其空间形式和数量的关系进行研究；数学的抽象有着丰富的层次，它的过程是逐级抽象、逐次提高的。数学的抽象必须以具体的素材为基础，任何抽象的数学概念、命题，甚至数学思想和方法都有具体、生动的现实原型。在数学教学中，贯彻具体与抽象相结合的原则，应从学生的感知出发，以客观事实为基础，从具体到抽象，逐步形成抽象的数学概念，上升为理论，进行判断和推理，再由抽象到具体，应用理论去指导实践。

（2）归纳与演绎相结合的原则

人们的认识活动的一般过程总是由特殊到一般或由一般到特殊，归纳和演绎就是这一认识活动的两种思维方法。数学概念的讲解、定理的证明、解题的思路都离不开它们。所以，归纳和演绎相结合是数学教学的重要原则。

（3）形数结合的原则

数与形是数学中两个最基本的概念，数学的内容和方法都是围绕对这两个概念的提炼、演变、发展而展开的。在数学教学中要贯彻形数结合的原则，要求切实掌握形数结合的思想和方法，以形数结合的观点深入钻研教材，理解数学中的有关概念、公式和法则，掌握形数结合进行分析问题和解决问题的思想方法。

综观上述各个数学教学原则体系，可以看出，数学教学原则是动态的、发展的，它同数学教育的目的、教学方法、学生已有的经验与认知水平、社会发展、数学教育技术、数学科学的发展等因素是紧密联系的。所以，社会的不同历史时期，数学教学原则也会发生变化。但不管怎么变化，数学教学原则总要满足“适对性、完备性、相容性、独立性”。同时，制定的数学教学原则，要能够反映出数学教学的本质规律，不然的话，数学教学原则就会成为“泛原则”，成为“放之各科而皆准”的原则，失去它在数学教学中的特殊指导作用，在教学中就会缺乏操作性。因此，我们应该在认真研究一般教学原则的基础上，对数学教学的内容、思想与方法进行科学的分析，对学生学习数学的心理和思维特征进行全面的研究，找出数学教学本质的规律，制定出服务于数学教学的原则。

## 第三节　数学课堂教学设计

数学课堂教学是数学教学的中心工作，设计教学方案又是中心工作的具体表现。教学设计是根据教学对象和教学内容，确定合适的教学起点与终点，将教学诸要素做有序优化的安排，形成教学方案的过程。也有人认为，数学教学设计是以数学学习论、数学教学论等理论为基础，运用系统论方法分析数学教学问题，确定数学教学目标，设计解决数学教学问题的策略方案、试行方案、评价试行结果和修改方案的过程。数学教学设计是教师工作的重要组成部分，教师应该掌握各种课型的设计方法，以便指导教学工作。

# 一、数学课堂教学设计概述

数学教学设计是数学教学的前期准备工作，是预先绘制的工作蓝图。数学教学质量的高低，与数学教学设计质量的好坏密切相关。因此，在数学教学设计中，应解决以下问题。

## （一）现代数学教育理论的运用

数学教育是学校教育的一个组成部分，在遵循现代教育理论的同时，还需要以现代数学教育理论指导数学教学设计，使设计的教学方案能够体现现代教育的先进思想。

### 1. 以人为本的学生观

课程改革就是要改变原来过分关注学生的知识与能力的增长，而忽视人本身发展的倾向。我们要培养面向未来、面向世界的人才，必须重视学生的知识、能力、情感态度与价值观的同步发展，用发展的眼光看待每一个学生，善待学生的一行一言。在教学中，不仅仅是传授数学知识，培养数学技能，更要关注人的品质的养成。

义务教育是面向全体学生的教育，不是选拔教育、淘汰教育。这就要求我们尊重每一个学生，发展每一个学生。特别是数学教学中，很容易出现数学后进生，更需要数学教师多给学生一点温暖、多给学生一点雨露，促进每一个学生健康成长。

### 2. 以学生为主体的发展观

教育不仅要看到今天的人，而且要想到明天的人会是怎么样的；不仅要看到今天社会需要什么样的人，而且要预测明天社会会需要什么样的人。只有这样的教育，才有活力。"今天的教育就是明天的社会"，就是这个道理。因此，对学生实施的教育，时刻要以发展的眼光去审视我们的每一个教育行为。

在当今快速发展的社会，对人的素质要求越来越高。不仅需要人掌握一定的基础知识与基本技能，而且需要人有敏锐的思维能力，要有创新的意识与精神，要有较强的适应社会的能力。

尊重学生个性差异是保证人的发展的前提。北京师范大学赵忠心教授在论述"尊重个性差异，人的发展需要网开一面"这个问题时说："有的孩子不太善于接受系统教育，考试不及格，但心灵手巧，那就让他当工人不就完了？有的人适合上大学，有的不适合，我们不能用一把尺子来衡量所有人，认为上了大学是人才，不上大学也可能是人才。"赵教授还说："衡量一个人是不是成功者，是不是人才，不能只用上大学接受高等教育一把尺子，要用多把尺子衡量。如果说要有一把尺子衡量的话，那这把'尺子'就是社会实践。这是最权威的衡量标准。"因此，对待不同的学生，要实施不同的教育方法。很有个性的孩子，往往是最有发展前途的孩子；有所谓问题的孩子，往往是最可爱的孩子。因为许多学生是因为有"问题"，才会引起我们教育工作者的重视，也就造就许多偏才与怪才。

当然，还有许多现代教育理念要运用到教学当中，如“面向未来的人才观、素质教育的理论”等。我们只有将理论联系实际，将理论转化为一个个具体的教学行为，才能达到教育的终极目标。

## （二）数学教学设计的基本要素

数学教学设计没有统一的模式，教师可以根据教学内容的不同，设计出不同的教学方案。即使是同一内容，不同的教师所设计的教学方案也可能不同。但不管如何设计，都必须考虑教学设计的基本要素。

（1）教学对象。

学生是数学教学的对象，是数学学习的主体，教学设计就是要以学生为中心来展开一切教学活动。在进行教学设计前，教师必须全面、深刻地把握学生的状况，包括学生对将要学习内容的已有经验与认知水平、学习的心理状态、学习的环境等因素。

（2）教学目标。

每一个教学设计都要设计好教学目标，作为教学的指南、检测的基本标准。一般来说，每一个教学设计的教学目标，都包括知识、能力、情感与态度这三个方面。在制订教学目标时，不能定得太多，不切实际。事实上，一个教学设计要达成很多目标是不可能的，只要有一些基本目标能够实现就很不错了。

（3）教学策略。

数学教学设计必须解决如何教学的问题，包括教学方法、教学过程（问题的设置、学生活动的安排等）、教学媒体等内容的设计。

（4）教学评价。

一个教学方案是否科学合理，是否取得了预期的教学效果，需要对设计的方案进行评价。评价一般放在方案实施以后进行，可以是自己评价，也可以是同行评价。在评价的基础上再进行修改，作为以后教学的参考资料。

## （三）数学教学设计的过程

数学教学设计是一项艰苦、细致的工作，是教师创造性劳动的具体表现形式之一。大致工作流程是：

《数学课程标准》（以下简称《标准》）是数学教学的指导纲要，教师在设计某个教学内容之前，要重新学习课程标准中的相关部分，把握《标准》中的基本要点，确定表达《标准》要求的方式、方法及内容。

教学内容分析包括对所设计内容在整个该套教材体系中的地位、前后知识之间的关系、该内容的特殊性、所体现的数学思想方法等进行比较全面的分析，以便确定教学的策略。

在设计方案前，教师可从数学事实、数学概念、数学原理、数学问题解决、数学思想方法、数学技能、数学认知策略和态度等方面思考，教学目标的水平可以从了解、理解、掌握和灵活运用上选择。

## 二、数学概念教学设计

数学概念是数学知识的基石，数学思想方法的载体。学生数学素质的高低在一定程度上与掌握数学概念有关。我国历来是很重视数学概念的教学的，并且在数学概念教学上总结了很多成功的经验。一般来说，对一个概念的教学要经过引入、理解与运用三个过程。

### （一）数学概念的引入

引入数学概念是教学的开始。学生能否掌握好这个概念，与教师引入的艺术是密切联系的。因此，在引入数学概念时，要考虑下面的因素。

#### 1. 学习的必要性

在引入新概念时，教师应创设一个引人概念的情境，让学生在情境中领会概念产生的必要性。课程改革特别强调学生在情境中学习，所以，每一个数学概念的引入都要尽量设计好一个符合学生实际的情境，使他们认识到学习的必要性，这是值得教师研究的问题。

#### 2. 内容的实质性

在引入数学概念时，教师所选用的实例要反映概念的本质，不要让太多的无关因素干扰了学生学习的注意力，影响数学概念的形成。

#### 3. 数量的适量性

在引入概念时，教师一般要举出一些例子，以便加深学生对概念的初步认识。这时，所用的例子数量不能太少，否则，学生难以从本质上感知概念的内涵。例如，教“函数”这个概念时，教师至少要提供 3 个以上的实例供学生学习，学生才有可能从众多的事实中，得到函数的概念。

#### 4. 实例的趣味性

教师在选用例子进行概念教学时，要注意例子的生动有趣，要能激发学生的学习兴趣。

### （二）数学概念的理解

在引入数学概念后，学生要理解与掌握概念，需要教师引导学生对概念进行实质性的学习，如能够辨别概念的本质属性和非本质属性，能够概括表达为数学语言，能够列举概念肯定与否定的例子等。要使学生比较深刻地理解数学概念，教师一般要进行以下工作。

#### 1. 让学生“做”数学概念

“数学是过程，是活动，学数学就是做数学，就是去解决一个问题，获得一种体验。”学生在获得一个数学概念的初步印象后，需要进一步理解它，也就是需要一个体验的过程。这个过程就可以以“做”的方式来达到目的。

### 2. 运用正例与反例理解概念

引入一个数学概念后，教师可指导学生举出一些例子来判断验证和说明，从而加深学生对概念的认识。事实上，学生自己举例的过程，就是一个消化与理解的过程，一个内化的过程。这一点，在教学中，教师不能忽视。例如，学习了“梯形”概念后，要求学生举出是梯形与不是梯形的图形。教师根据学生的例子，特别应指出平行四边形不是梯形，因为它的两组对边分别平行，而梯形只能是一组对边平行，另一组对边不平行。

### 3. 在简单运用中理解概念

对数学概念的理解不是靠死记硬背就能够奏效的，而是在运用中不断巩固与深化。因此，在完成概念引入后，可采用比较简单的练习题，将概念寓于练习题中，学生通过做题的方式来达到掌握概念的目的。

例如，学了“一元一次方程”后，教师可出示一些判断是否为一元一次方程的判断题来加深学生对概念的理解。但切忌刚学概念，就练习比较复杂的概念题。因为这样不仅不能使学生掌握概念，反而会使学生产生畏难情绪，失去学习的信心。

当然，在具体教学中，为了使学生更好地掌握数学概念，还有许多好的方法。方法的使用要与学生学习的具体情况结合起来，灵活使用，才会有理想的教学效果。

## （三）数学概念的运用

在数学概念教学设计中，既要引导学生由具体到抽象，形成概念，又要让学生由抽象到具体，运用概念。学生是否牢固掌握了某个概念，不仅在于能否说出这个概念的名称和背诵概念的定义，还在于能否正确灵活地运用。数学概念运用的设计可以从概念的内涵和外延两方面进行。

### 1. 概念内涵的运用

（1）复述概念的定义或根据定义填空。

（2）根据定义判断是非或改错。

（3）根据定义操作。

（4）根据定义推理。

### 2. 概念外延的运用

（1）举例。

（2）辨认肯定例证或否定例证，并说明理由。

（3）按指定的条件从概念的外延中选择事例。

（4）将概念按不同的标准分类。

概念的运用可分为简单运用和综合运用。在初步形成某一新概念后通过简单运用可以促进对新概念的理解。综合运用一般在学习一系列概念后，把这些概念结合起来加以运用，这种练习可以培养学生综合运用知识解决问题的能力。

## 三、数学规则教学设计

数学规则包括数学定理、法则、公式。数学定理、法则、公式是数学的重要内容，它们揭示了数学概念之间的内在联系，是经过推理论证得到的正确命题。我们将上述内容的学习，称为数学规则学习。数学规则学习是学生学习数学知识的关键环节。搞好数学规则的教学，有利于巩固概念教学，也有利于学生解决新问题。数学规则教学是中学数学教学的关键环节，教师必须搞好数学规则的教学，并使学生真正理解、掌握规则，才能提高数学教育的质量。

### （一）初中数学规则教学的基本要求

面对数学规则，个体进行思维构造；通过新的数学规则内容与原有的数学概念网络、规则网络等认知结构的相互作用，个体将数学规则的潜在意义内化为个体的心理意义，得到构造结果；构造结果在规则应用的活动中得到检验和修正，并逐步形成完整的、清晰的数学规则，进而构造出稳固的规则网络，从而构建、充实和完善个体认知结构。这就是数学规则学习的实质。从数学规则学习实质可见，个体的“构造结果”是一种个体通过“自主活动”而获得的“个人体验”，“思维构造”需要个体的“智力参与”与“非智力因素参与”。因此，中学数学规则教学过程必须具备“自主活动”“个人体验”“智力参与”和“非智力因素参与”这些特征。相应的，中学数学规则教学过程必须满足一些基本要求，以呼应这些特征，实现个体的意义学习；而不满足这些基本要求，教学过程往往会表现出更多的机械学习的色彩。所以，这些基本要求是中学数学规则教学中必须遵循的。

#### 1. 构建问题情境

数学规则的学习过程也是一个数学问题解决的过程，规则学习也是在一定的问题情境中开始的。这要求教师根据规则的内容、学生认知结构的水平，以及相关的学习规律，创造一个有利于规则学习的问题情境，以引起学生内部的认知矛盾冲突，激发学生积极、主动的思维活动。这时候，学生置身于数学规则的问题情境中，借助观察、实验或者归纳、类比、联想，乃至直觉，初步感知或者猜想出某个数学结论，形成新的数学规则的言语信息。这时候，大脑皮层处于高度兴奋状态，并产生进一步认识的欲望：“怎样证明言语信息表达的数学结论”“怎样应用这个结论”等等。这时候，思维活动最为积极和活跃，最容易取得好的效果。

教学中，创设出数学规则学习的问题情境，有利于学生观察猜想、感知、接受，甚至形成数学规则的言语信息，为数学规则学习创建好起点；也为学生主动地分析、探索并提出解决问题的方法，检验这种方法以完成数学规则学习等思维活动，搭建了平台。教学中，创设出数学规则学习的问题情境，也是掌握数学规则的必然要求。因此，数学规则学习过程中，尤其在规则学习的定位阶段、证明阶段，要构造情境。

### 2. 同化与形成相结合

规则定位通常采用两种形式，分别是规则同化和规则形成。规则同化形式，即教师直接给学习者展示要学习的新规则的言语信息，学习者先接受新规则的言语信息，然后再对这些信息进行加工。规则定位的另一种形式是规则的形成，即学习者通过考察规则的特例，然后抽象、概括出规则的过程。

规则学习的探究性在规则形成阶段发挥着重要的作用。教师运用规则形成方式，与学生一起探究数学规则的言语信息时，学生的大脑皮层比较兴奋，主动性高、参与度高，从而容易提升规则学习效果。

因此，在中学数学规则定位阶段，要提倡采用规则形成的方式。特别是在规则同化形式（对应着接受式学习）被过度应用的背景下，尤其是在某些地区规则同化形式被某些教师认为是唯一的规则定位方式的背景下，提倡采用规则形成的方式有着丰富学习方式、更新教学理念的功能。

并不是任何规则都适合在课堂上发现。由于数学规则的前提条件比较复杂，结论比较抽象，学生的认知结构不完整等因素，某些数学规则的内容不适合学生在课堂上探究出来。比如二次根式的化简与运算、基本的尺规作图、角的概念及各种表示方法等，学生很难探究出来。这时候，教师的引导讲授是必要的，而不能抛弃规则同化形式，盲目采用规则形成形式。

### 3. 探究与接受相结合

在规则证明阶段，要尽可能让学生自己独立思考，让学生自己去探究、去发现。恰当地使用探究方法能促使学生主动、积极地去学习。如果证明过程是由学生探究出来的，学生对证明过程的印象比较深刻，也容易理解规则的言语信息中前提条件的作用，也就加深了对规则内容的理解和记忆，从而提升了规则学习的效果。同时，探究过程中，一旦有所“发现”，学生便会为之激动，为之欣喜。很明显，学生发现了数学规则是如何被证明的，发现了数学规则的每一个前提条件的功能，发现了……也就发现了愉快。体会到“发现”的愉快后，学生的学习兴趣会大增，自信心也会更强。

因此，凡学生自己容易探究出的规则证明过程，不必由教师来包办代替。否则，不仅是教师多费口舌，而且学生听起来索然无味。对于不那么困难的规则证明，教师可启发学生思考，力求让学生自己探究出证明方法。即使是对于比较复杂的规则证明，也不必由教师完全包办，而应当由师生一起进行探究，应当用分析法来做探究。必要时让学生自己思考并回答其中的某些步骤，让学生体会到“部分”愉快。至于安排何时、何步骤让学生尝试“发现”，安排的权重等因素，应随着学生认知结构的状况进行调整。总之，要尽可能多地让学生参与，让学生探究。

当然，不可能任何数学规则证明的任何步骤都能由学生在课堂上发现出来，在必要的时候，教师也要果断介入，大胆使用讲授法。比如证明切线的判定和性质时，学生刚接触圆的切线概念不久，难以入手。这时教师在适当引导后，宜采用讲授法。

在规则证明阶段，让学生探究证明过程与让学生接受证明过程，都是完成规则证明的重要方法，二者同等重要，不可偏废一个。与在定位阶段要坚持同化与形成相结合原则的做法相类似，规则证明阶段要坚持探究与接受相结合原则。

### 4. 多角度、多途径证明

完成规则定位以后，学生对规则的正确性还没有认可。如果说，规则定位阶段，学生初步了解新的数学规则是如何规定的，那么在规则证明阶段，学生要明确为什么要这样规定，即明确数学规则规定的合理性和必要性。实现学习者理解接受规则的方法是对规则进行证明。

在规则证明阶段，要引导学生反复探究，从多种途径、多种角度证明规则。这样，可以加深对数学规则的理解和记忆，有助于学生在不同的情境中运用数学规则解决问题，也有利于学生构建数学规则网络。

### 5. 构建规则网络

中学生往往不注意或不容易找到新学习的数学规则与已学过的数学规则间的内在逻辑联系，而把新规则看成孤立的结论，出现孤立学习数学规则的现象。其结果是学生对数学规则缺乏整体理解，所学数学规则彼此孤立、支离破碎、容易混淆、容易遗忘，在需要激活数学规则时，思维受阻。要避免这一问题的发生，教学中要确立构建规则网络原则。教师要注意引导学生比较规则之间的区别与联系，把所教的新数学规则放到已有的规则网络中去，让学生构建出学生自己的数学规则网络。

### 6. 理解与记忆相结合

理解规则，记忆规则，是数学规则学习过程中的重要步骤。没有对数学规则前提、结论、推导过程的理解，要搞好数学规则的学习是一句空话。缺少对数学规则的理解，学生学习规则时难免囫囵吞枣，

运用规则时难免生搬硬套，即使记住了规则的言语信息，也往往不会使用，对数学问题解决帮助并不大。如学生形式上记住公式 $S_{扇形}=\frac{1}{2}lR$ 之后，但还是习惯用公式 $S_{扇形}=\frac{n\pi R^2}{360}$ 来计算扇形面积。规则学习过程中，重视让学生理解数学规则已成为广大中学数学教师的共识。但是在数学原则学习过程中，要防止弱化重视记忆规则的倾向。

另外，掌握了规则的证明过程，往往是掌握了相应一类数学问题的证明过程。从便于应用的角度看，掌握了规则的证明过程有着明显的现实意义。当然学生掌握规则的证明，不能依靠形式的死记硬背。为此，可以向学生提出一些问题来检查他们对规则证明的理解。例如，该规则的证明主要依据了什么规则，证明中在何处应用了某一条件，辅助线是怎样添置的，证明的基本思想和关键是什么等等。

综上所述，理解规则，记忆规则，是数学规则学习过程中的重要步骤。二者同等重要，不可厚此薄彼。规则学习过程中，要确立理解与记忆相结合原则。

### （二）中学数学规则教学设计的策略

根据数学规则学习实质和中学数学规则教学的基本要求，中学数学规则的教学设计可采用以下策略。

#### 1. 构建问题情境策略

构建问题情境策略是指通过引入适当的问题，构造出某种学习氛围，来引发学生内部的认知矛盾冲突，激发学生产生积极心理状态并进行积极主动思维的教学方法。

创设问题情境的主要方式有：

（1）创设应用性问题情境，引导学生自己发现数学规则。

实际问题贴近学生，容易吸引学生的注意。同时，实际问题中蕴藏着很多数学规则。因此，利用好实际问题，比较容易使学生发现数学规则。

（2）创设惊奇性情境，出其不意，抓住学生注意力。

创设一些与学生的认知结构不和谐或将学生认知结构运用于陌生情境中的问题，使学生在惊奇中迫切进入积极思维状态。

（3）创设直观性问题情境，引导学生深刻理解数学规则。

教师可以通过实验、教具和多媒体设备直观地展现数学规则的产生过程，让学生身临其境，展开和实现思维活动。这样学生就亲自参与了发现数学规则的全过程，而能够深刻理解数学规则。

（4）创设趣味性问题情境，引发学生自主学习的兴趣。

我们还可以在学生原有知识和经验的基础上，有意识地让学生陷入新的困境，引起认知冲突，唤起学生对新知识学习的欲望。比如无理数的引入，可以让学生进行一项相对简单的拼图活动，调动学生的学习积极性，活跃学生的思维。

此外，规则学习过程中，还可以创设开放性问题情境，引导学生积极思考；创设新异悬念情境，引导学生自主探究，等等。

创设情境的方法很多，但必须考虑到数学规则的内容、学生的认知结构的水平，以及相关的学习原则等因素，要做到科学、适度。具体地说，创设情境有以下几个基本要求。

①要有难度，但这个难度必须在学生的“最近发现区”内，要使学生“跳一跳，可以摘到桃子”。

②要考虑到大多数学生的认知水平，应面向全体学生，切忌专为少数人设置。

③要简洁明确，有针对性、目的性，表达简明扼要和清晰，不要含糊不清，使学生盲目应付，思维混乱。

④要注意时机，情境的设置时间要恰当，寻求学生思维的最佳突破口。

### 2. 探究策略

探究策略指使学生主动探索数学规则、积极参与研究数学规则的教学策略。教师讲授规则，学生接受规则，当然不如教师引导学生依靠积极参与、主动探究、发现规则来得好。弗赖登塔尔说：“学一个活动的最好方法是做。”这里的“做”，也是探究的一种形式。弗赖登塔尔的话，也说明了探究策略的重要性。数学规则教学中吸引学生探究的主要方式是设计出恰当的问题。

总之，探究策略的使用主要有两方面的要求。一方面要为学生创设真实、复杂、具有挑战性的、开放的学习环境与问题情境，为学生提供展开思维的素材；另一方面又要为学生提供充分思考、讨论、研究的时间、机会，以支持学生对学习数学规则的内容和过程进行反思与调控。数学规则教学中，应当提倡探究式的学习，用多种多样的形式进行探究教学。学生的小型探究活动应当成为课堂学习的重要模式。

构建情境策略要求教师能根据学生求知需要设计问题，使学生积极参与解决问题的过程。探究策略重在强调教师设计出的问题要有吸引力，让学生身不由己地、积极地探究解决问题的办法。从促进学生积极思考、主动探究这一角度出发，使用这两个策略的目的是相同的。而从规则教学过程的次序来看，构建情境策略用在教学的起点，而探究策略用在其后。可以说，探究策略是构建情境策略的延伸。构建情境策略和探究策略既有联系又有区别，要把二者完全区分开来是很难的，也是没有必要的。它们都是数学规则定位阶段促进学生学习的重要手段，教学中，可根据需要结合起来使用。

### 3. 激活扩散策略

心理学家 J.R. 安德森的激活论认为，储存在人脑中命题的活动水平是不同的。在一定时刻，大量的命题处于静止状态，只有少量命题处于激活状态，那些处于激活状态的命题是我们正在思考着的命题。一定的命题激活以后，它的活动可以扩散到与它相关联的命题。由此激活论可知，数学规则证明的心理机制，就是在规则的条件及结论的启发下，激活记忆网络中的一些知识点，然后向外扩散，依次激活新的有关知识，同时要对被激活的知识进行筛选、组织、评价、再认识和转换，使之能协调起来，直到条件与结论之间的线索接通，建立起逻辑关系。

所谓激活扩散策略，是指规则证明阶段，通过激活学生规则网络或者认知结构中的一部分数学规则，采取联想、类比等手段，扩散到另一些数学规则，从而激活所需的相关的数学规则以实现规则证明的教学策略。

如何激活和扩散学生规则网络或者认知结构中的相关数学规则？波利亚在著名的《怎样解题》一书中做了相当清晰的回答。“你以前见过它吗？你是否见过相同的问题而形式稍有不同？你是否知道与此有关的问题？你是否知道一个可能用得上的定理？看着未知数，试指出一个具有相同未知数或相似未知数的熟悉的问题。这里有一个与你现在的问题有联系且早已解决的问题，你能不能利用它？你能利用它的结果吗？你能利用它的方法吗？为了能利用它，你是否应该引入某些辅助元素？你能不能重新叙述这个问题？你能不能用不同的方式重新叙述它？……”

波利亚的联想就是一种激活扩散策略，也是最有效地激活扩散策略。证明数学规则时，教师要引导学生联想，规则的条件是什么？这个条件想告诉我们什么？哪些规则与新规则关系密切？要证明的规则的结论是什么？要证明这一结论常有哪些方法？条件推导出的结果与欲证明的结论的充分条件距离是什么？联想、激活、扩散，再联想、再激活、再扩散，直到沟通了前后的联系，找出证明规则的方案为止。

### 4. 多途径证明策略

顾名思义，多途径证明策略指在规则证明阶段，从多个途径、多个角度证明数学规则的教学方法。

联想、激活、扩散，再联想、再激活、再扩散，使学生探究出规则证明的方法都不能满足于此。数学规则学习中要采用多途径证明策略，让学生更深入地、更全面地理解规则的前提、结论，让学生扩散得更到位。一个代数范畴内的规则，还应当考虑用平面几何、平面解析几何中的知识给出证明。平面几何中的规则可考虑用向量等知识给出证明。规则学习过程中，采用多途径证明策略，有利于学生在不同的知识背景中实现数学规则的迁移。

在数学规则教学中，坚持多途径证明策略，帮助学生加深对规则前提与结论的理解，加深对规则证明过程的理解，有利于学生在不同的问题情境中，激活相关数学规则，解决问题。

### 5. 逐步递进策略

逐步递进策略，指规则应用阶段，要有计划、分步骤引导学生使用规则，逐步提高学生对规则的认识水平和运用规则的熟练程度的教学方法。

经过规则学习的定位阶段和证明阶段后，个体获得了数学规则的心理意义，也即得到了有关数学规则的初步的构造结果，这一构造结果的完整程度和清晰程度需要在应用规则的活动中进行检验和修正。个体在应用规则的活动中继续着个体的思维构造，以获得新一轮的构造结果；新一轮的构造结果在新一轮的应用规则的活动中又一次得到检验和修正，得到更新一轮的构造结果，如此循环，直到获得数学规则确定的意义。可见，对数学规则的确定意义的理解和规则的熟练运用都不是一步到位的。相应的，运用规则解决问题的能力更不可能在一次数学课或是一周数学课就能形成的，而是在多堂课、多阶段、多次运用规则解决问题的过程中逐步形成的。数学规则学习过程中，特别是在规则应用阶段，不能强求一步到位，要有计划按步骤地引导学生使用规则，逐步提高运用规则的熟练程度。这种教学方法就是逐步递进策略。

如果数学规则应用的安排是无序和杂乱的，那么不但不能使学生巩固对数学规则的理解，反而会妨碍学生对数学规则的检验和修正，妨碍学生对数学规则实际意义的掌握，还会使学生始终处于茫然、被动的地位，始终感到有做不完的难题，让学生的心理压力增大，有时甚至让学生对自己丧失信心，最终导致数学规则学习失败。因此，在确定了数学规则应用内容的基础上，要对应用的步骤做精心安排，要按照知识体系和题目难度，努力形成系列化，有层次地深化和递进。规则应用阶段要采用逐步递进策略。

### 6. 完善认知结构策略

数学规则学习的实质表明，数学规则的学习需要以学生原有的认知结构为依托。智力参与就是智力各动作（辨认、分化、假设、验证、抽象、概括等）作用于规则，即对新旧规则等数学知识所呈现的信息进行加工。显然，良好的认知结构有助于各动作对规则所提供的信息进行提取、组合与比较，因而良好的认知结构是学生奠定智力参与的基础，有助于学生智力的参与，有助于学生顺利完成数学规则学习。因此，我们把完善学生的认知结构看作一个重要的教学方法，称之为完善认知结构策略。

运用完善认知结构策略应当从两个方面进行。

（1）重视构建概念网络。

数学规则表达的是若干个数学概念之间的关系。谈数学规则学习不可能避开数学概念的学习和数学概念网络的构建。鉴于新的规则中可能会含有一些不熟悉的概念而影响人们对它的全面理解，加涅叮嘱人们注意这一点：“通常这类规则最好是在教学结束时而不要在教学之初就用言语呈现。学习这些规则一般要求把它们分解为一些更简单的部分，而最后才是把它们整合为一条完整的规则。”很显然，学生要理解掌握数学规则，首先要理解掌握规则中包含的数学概念。如果这些前提概念尚未把握，那么规则是不可能适当地掌握的；如果部分概念仅是作为一种言语信息而获得的话，同样规则本身的含义也不可能充分把握。

平面几何中切线的性质定理的内容为：圆的切线垂直于过切点的半径。这条定理涉及“圆的切线”“切点”“半径”“直线垂直”等概念。学生在曾经掌握这些概念并当堂回忆出它们的前提下，才可能顺利理解掌握这条定理。因此，教学时，首先要带学生复习回顾这些概念，然后再引导学生发现这些概念间的系，再把所得到的个人体验整合为规则。如此分解这个定理的难点，有利于学生掌握这一定理。

规则是在两个或两个以上的概念的基础上形成的，它表示的是概念之间的关系。因此规则与概念的学习是密不可分的。数学规则学习和掌握的关键是获得数学概念之间关系的理解，而数学概念之间关系的理解依赖于原有认知结构中有关概念的辨别和理解，依赖于原有概念网络系统。有的概念网络不完整、不清晰，直接影响到新规则的建构。因此，教学中要重视构建概念网络。

（2）重视数学规则的记忆和迁移。

掌握数学规则意味着对数学规则的牢固记忆，以及能够应用所学的规则。没有数学规则的记忆就无法学习新规则，只有记住了应有的规则，才能深入学习和应用新规则。另一方面，学习的目的就是将学到的规则应用到新的规则的学习中去，应用到实践中去，以解决实际问题，这种应用就是迁移。数学规则的记忆和迁移在数学规则学习中均起着重要作用。

第一，数学规则的记忆在数学规则学习中起着重要作用。在数学规则学习中，学习的最终目的是使个体形成规则网络。记忆是积累规则的前提，也是学习活动的基础，如果一个学生边学边忘，那么什么也学不会；只有准确地记住数学规则的条件和结论，才能在各种学习情境中有效地进行提取。并且，对数学规则的牢固记忆，能让学生在数学活动中针对当前的具体情况迅速地做出判断，迅速地选择和提取有关知识，从而提高数学技能水平。须知，数学活动中动作迅速是数学技能水平高的重要标志。

第二，数学规则的迁移在数学规则学习中也有着重要作用。首先，应用数学规则在解决数学问题的过程中获得新知识，同时也对数学规则有更深刻的理解。其次，使习得的各种数学规则之间建立起更加广泛和牢固的联系，使之概括化、系统化，形成具有稳定性、清晰性和可用性的数学知识结构，能够有效地吸收数学新知识，并逐渐向自我生成新的数学认知结构发展。数学规则是从具体事物抽象概括出来的，而应用数学规则又是将抽象知识具体化，而把从一类事物中抽象概括出来的知识，推广到同类具体事物中去，使抽象知识同具体事物建立起广泛的联系。这个过程从认识活动的进程来看，数学规则的应用正好与数学规则的领会具有相反的顺序。领会是由个别到一般、具体到抽象、感性到理性的过程；应用则是从一般到个别、抽象到具体、理性到感性的过程。这样在数学规则不断应用的过程中，在迁移的作用下，使已有数学知识结构得到组织和再组织，提高其抽象概括程度，使其更加完善和充实，形成一种稳定的调节机制，在今后的数学活动中发挥更好地作用。

总之，记忆和迁移在数学规则学习中具有重要的意义。记忆能力和迁移水平直接影响着数学规则的应用，在形成数学规则网络的过程中起到关键的作用。而且记忆能力和迁移水平又可以直接检验数学规则学习的效果。因此，重视数学规则的记忆和迁移是完善学生认知结构的关键环节。完善的认知结构是每一个学生得以完成数学规则学习的重要条件。

学生的认知结构之间的差异是客观存在的，同样的学习情境对具有不同的认知结构的学生会产生不同的效果，因而让学生具有相同水平的认知结构是班级整体推进的重要条件。完全消除这种差异是不可能的，但学习新的数学规则所需的原有的数学概念、数学规则的准备工作，即为学习新规则所需的认知结构方面的准备工作是可以通过教师的努力让大多数学生做好的。教学中，努力让学生具有相同水平的认知结构具有更大的现实意义。

#### 7. 变式策略

数学规则变式指数学规则的变化形式。它有两个层面上的含义：一为数学规则的等价变形产生的变式。例如，直线与圆的位置关系就有图形语言表达形式、文字语言表达形式和符号语言表达形式，符号语言表达形式是文字语言表达形式的一种变式。另一个为对已有规则的条件或结论进行适当改变产生的变式。产生的变式可能是真命题，也就产生一条新规则；可能是假命题。变式策略指运用数学规则变式来加深学生对规则的理解，使学生能准确、灵活地运用规则的教学方法。

数学规则表达了若干个数学概念之间的关系。构成规则的若干个概念之间的关系，这些概念与认知结构中原有概念之间的关系、概念与规则之间的关系、规则与认知结构中原有规则之间的关系，都是既有联系又有区别。数学规则学习过程中，重视规则变式的探究，有利于学生正确区分这些内容，实现认知结构的完整化和清晰化。

运用变式策略应当分两个阶段。第一阶段是变式的准备阶段，这一阶段的任务是确立规则的“标准”模式，即在规则的本质属性保持不变的同时，允许规则的形式和叙述可以不断变化，使学生能“套用”“逆用”“变用”规则。比如，“垂径定理”的教学，这一阶段的任务是学生能用文字语言“垂直于弦的直径平分这条弦”表达其含义；会正向、逆向使用此规则。

第二阶段是变式阶段。这一阶段的任务是引导学生对已有规则的条件或结论进行适当改变，产生若干个与原规则有密切联系的新的命题。学生对新命题进行考察、探究，思考其真假性。像这样引导学生积极进行发散思维，从不同角度去思考规则，深刻领会与此规则有密切联系的知识，可使学生加深对规则的理解，促进知识的迁移。

教师通过不断变换数学规则的条件、结论以及条件与结论的次序，引申拓广，产生一个个既类似又有区别的问题，使学生产生浓厚的兴趣，在挑战中寻找乐趣，不时闪现出创造性思维的火花，品尝到“数学发现”的甜头，同时也进一步巩固原有规则。

适时用好变式策略，可为使用规则和吸收、同化其他规则材料提供理想的方法；规则的变式往往是对原先规则的推广，这也有利于个体整合和构建规则网络，有利于个体的认知结构的完整、清晰和稳固，也有利于规则的迁移。

## 四、中小数学问题解决的教学设计

### （一）数学问题解决概述

什么是问题？美籍匈牙利教育家波利亚在《数学的发现》一书中，给“问题”下了个定义：问题就是意味着要去寻找适当的行动，以达到一个可见而不可立即可及的目标。在1988年的第六届国际数学教育大会上，“问题解决、模型化及应用”课题组提交的课题报告中，对“问题”的定义是：一个问题是对人具有智力挑战特征的，没有现成的直接方法、程序或算法的问题情境。该课题组主席奈斯进一步将“数学问题解决”中的“问题”具体界定为两类：一类是非常规的数学问题，另一类是数学应用问题。

20世纪80年代以来，在国际数学教育界，问题解决已经成为一个热点话题。日本已经把问题解决纳入学习指导纲要（教学大纲）；英国把问题解决当作一种教学模式和教学的指导思想；我国近年来对问题解决的认识也逐步深入，得到了数学界的认同；2000年的美国中小学课程标准对问题解决提出了明确的要求：数学教学纲要应注重于问题解决，使之成为理解数学的一部分，从而使所有学生——通过他们在问题上的努力学习新的数学知识。

养成在数学内外建立公式、表达、抽象、一般化的倾向。

应用众多的策略去解决问题，并使各种策略适应新的情况。

对在解决问题中的数学思维进行监控和反思。

美国的标准还指出，解决问题的能力不仅仅是学习数学的一个目的，而且也同样是学习数学的一种主要方法。当学生们在对数学内容的探索中应用问题解决的方法时，他们得到对数学的新的理解，并提高他们应用所知道的数学的能力。问题解决意味着去从事一项实现对解决问题的方法并无所知的任务。为了寻求解决问题的方法，学生们必须以不同的方法应用他们的知识，并且也许能通过这个过程，来得到新的知识。问题解决是整个数学学习的不可缺少的一部分，而不是数学教学计划中的一个孤立的部分。它应该是支持发展数学理解的课程的一个有机部分。学生们应该有很多的机会去建立公式，设法解决那些需要相当程度的努力的复杂问题。这里，对什么是数学问题解决，做了一个比较详细的解释。但是，目前人们的看法并不一致，但总地说来，可综合成下述几方面的含义。

（1）问题解决是数学教育的一个目的。

将问题解决作为目的，充分体现出问题解决是数学教育的核心。这种观点将会影响到数学课程的设计和确定，并对课堂教学实践有重要的指导作用。

（2）问题解决是一个过程。

这个过程具体表现为教师对学生运用数学知识进行思维活动的指导过程。问题解决是一个发现的过程、探索的过程、创新的过程，在进行问题解决时，学生必须综合他所学到的东西，并将其运用到一种新的、困难的状况中去。这种解释着重考虑学生用以解决问题的方法、策略和猜想。

（3）问题解决是一项基本技能。

将问题解决解释为基本技能时，它并不是一个单一的技巧，而是若干技巧的一个整体。人们必须考虑问题的具体内容、问题的形式，以及从构造数学模型、设计求解方法，一直到检验答案，等等。将问题解决作为基本技能，有助于我们将日常教学中的技能、概念及问题解决的具体内容组织成一个整体。

（4）问题解决是心理活动。

我国心理学家邵瑞珍认为问题解决是指人们在日常生活和社会实践中，面临新情境、新课题，发现它与主观、客观需要的矛盾，而自己却没有现成对策时所引起的寻求处理问题办法的一种心理活动。

（5）问题解决是教学内容。

美国《课程评估标准》指出："数学课程应该包括大量的多样的问题解决的经验。"

（6）问题解决是教学方式。

游铭钧先生认为问题解决的教学方式和学习操作是当前数学教学改革的重要组成部分。

（7）问题解决是教学类型。

在英国，教师们还远没有将问题解决活动形式看作教或学的类型。他们倾向于将其看成课程附加的东西。应该将问题解决作为课程论的重要组成部分。

总之，问题解决有多种含义，我们只有全面地理解才不至于以偏概全，才能对数学教育产生积极的指导意义。

### （二）数学问题的设计

数学教学中要进行问题解决的教学，首先必须设计出“好问题”。

“好问题”一般要具备以下要素：

（1）问题要有较强的探索性。

“好问题”能够体现出学生对问题的独立见解、分析与判断，对学生的创新意识与创新精神的培养有帮助。

（2）问题要有较强的趣味性。

提供给学生的问题不能是干巴巴的，读起来索然无味，引发不了兴趣。“好问题”可使学生乐此不疲地去探讨、去发现数学内在的价值，激发学习数学的兴趣。

（3）问题要有开放性。

一个“好问题”要有多种思考的方法、多种解决的途径，不能仅仅是一种解决办法。

教师要苦练编拟问题的本领，要善于改造原来的数学习题，使之变为“好问题”。有关编制数学问题的理论及操作方法，可参阅浙江教育学院戴再平教授所著的《数学习题理论》（上海教育出版社）。

### （三）数学问题解决教学步骤

数学问题解决教学，一般有如下几个步骤：

（1）创设情境提出问题，激发学生对结论的迫切追求的欲望。

（2）引导学生感知数学问题。

只有当学生对数学问题有了真正的感知，才能产生学习的自觉性，提高思维的积极性，并为探求问题解决的策略提供必要的前提。

（3）探求数学问题的解决趋势和途径。

说到解题，有些人很容易想到“证题术”“题目类型”“解题技巧”，甚至题目做得越多越好的“题海战术”。虽然这些方法对于提高学生的解题能力也会有一些帮助，但是，在数学教学中如何启发学生积极思考问题，锻炼和提高思维能力，要比讲授证题术、归纳题目类型、传授解题技巧重要得多。教学中，教师若一味讲题目类型和解题技巧，将解题总结成呆板的程式，让学生死记一些孤立的解法，将精力用在训练模仿力和记忆力上，不仅会僵化学生的思维，而且加重了学生不必要的负担。这样势必扩大了学生的知识基底，与数学的基本精神——用最小的基底去构造科学知识的体系，或者发掘科学知识体系的最小基底是相背的。

教学中应鼓励学生大胆运用类比、归纳猜想、特殊化、一般化等方法乃至直觉，去寻找解题策略，探求数学问题的解决趋势和可逆途径，必要时可给学生一些提示，并适当延长让学生思考的时间。

（4）对数学问题进行回味和评价。

求出数学问题的答案不应是问题解决的终结，应该通过回味和评价，进一步揭示数学问题的本质和解题规律，培养学生分析问题、解决问题的能力。常用的回味和评价的方法有引申推广、概括出一般原理、一题多解等。通过回味和评价，可使学生学会从不同角度运用不同的知识和方法解决问题，养成勤思、善想、深钻的良好习惯和不断探索的科学精神。

### （四）数学问题解决教学设计模式初探

把数学知识转化为问题，使知识的形成过程得以重现，有利于使接受知识的过程变为自主探究的过程，使模仿、记忆为主的学习变为活泼、有个性的问题求解经历，从而使课程改革的基本理念付诸实施，使课程改革的目标得以实现。

“问题—探究”是数学问题解决教学的一种基本模式，这种模式是指教学活动以问题为中心，学生在教师指导下发现问题、提出解决问题的方法并通过自己的活动找到答案的一种教学模式。这种模式的基本程序为：

（1）创设问题的情境。

心理学研究表明，新颖奇特的事物容易引起学生的注意。根据这一注意规律，在课堂教学中，如果能恰当地构建惊诧的情境，创设诱人的悬念，就能引起学生的认知冲突，诱发学生的好奇心理，刺激学生的求知欲望。如在教“用字母表示数”时可采用“招领启事”吸引人。上课开始，教师出示小黑板上的“招领启事”：

李杭同学在校园内拾到人民币 a 元，请失主到学校办公室认领……

学生看过之后，不明白老师是什么意思，为什么数学课拿个“招领启事”来了？正当学生疑惑之时，教师问：“大家知道李杭同学到底拾了多少钱吗？猜猜看。”学生纷纷答道：1 元、5 元、100 元、0.5 元……教师随之解释：按大家的猜测，这里的 a 可以代表不同的数，它可以是 0 吗？学生可能会争论，有的说可以，有的说不可以。教师对此可进行分析，指出如果是 0，那这个“招领启事”就是和大家开玩笑了，是骗人的，那要不得。但是，字母到底可以表示什么数呢？让我们来共同探讨（板书：用字母表示数）。

如此一问，起到了布阵设疑、引人深思的作用，学生倍感惊异，疑云顿生，于是一个个都积极思考，认真分析，不明错因，决不罢休。学生的思维之火就这样点燃了。

（2）探究问题。

孔子曰：“不愤不启，不悱不发。”只有当学生的心理进入“愤”“悱”状态时，才能激发学生浓厚的认知兴趣与强烈的学习动机，把学生的学习情绪、注意力和思维活动调节到最佳境界。

（3）启发学生讨论、交流。

学生有了探究的欲望，可组织他们讨论怎样通过平移、旋转和轴反射，得出判定三角形全等的方法。

学生的课堂表现说明，学习过程是学生主动建构其认知结构的过程，他们以自己的方式建立对问题的理解，并通过对自己建构的反思，稳定、深化理解，因此学生具有很强的认知主体性。

（4）归纳总结。

对一个数学问题探索完成后，教师必须引导学生总结与归纳，从中得出一些结论性的东西，以便学生形成一定的知识结构。

开展“问题—探究”教学模式，要充分重视“创设问题情境”在课堂教学中的作用，使学生经常处于“愤”“悱”的状态中提出问题。这种教学模式的优越性主要表现在：①让学生获得成功，使他们体验到学习的愉快和成就感；②因为学生有所发现，学生就会产生自觉的内在的学习动机；③培养了学生科学的学习方法；④使教师自身素质得到提高。

# 第六章　数学文化在中小学数学课堂的传播

## 第一节　数学文化在小学数学中的渗透

小学阶段是对学生进行学习习惯培养和数学启蒙的关键时期，在这一阶段教师要立足于学生的长远性发展，增强对数学文化的渗透，以更好地提升学生数学学习的兴趣，使学生在潜移默化之中感受数学文化的丰富内涵，让学生从小热爱数学、理解数学、运用数学。

### 一、数学文化概念分析

数学文化是一个非常丰富的概念，它既包括广义的数学知识，同时又包括数学观念、数学认知、动态数学发展等多个层面。小学阶段教师对学生开展数学文化渗透，要构成一个有机动态的系统，将数学文化的渗透与数学教学融合在一起，让学生更好地掌握数学方法，体会数学精神，进行数学应用，发展数学思维，进而使学生在数学审美、创新精神等多个方面获得有效提升。

### 二、小学数学课本中数学文化内容基本分类

#### （一）数学精神

数学精神是数学文化的精髓，也是数学文化中最为深刻的部分。小学数学课本中对于数学精神的设计有多个方面。数学精神隐藏在多个板块中，结合综合实践、数学广角、探索发现、知识阶梯等多个部分，教师都可以对学生进行数学精神的渗透。另外，通过讲一些数学家的小故事、做数学游戏，教师也可以循序渐进地对学生进行数学精神的渗透，使他们具备基本的数学理性精神和数学创新意识，结合学生数学学习的过程，让学生领会数学精神的丰富内涵。

#### （二）数学史

数学史包含数学发展过程中涵盖的大量数学知识及推动数学本身进一步向前发展的丰富知识体系。数学史作为数学文化的一个组成部分，它以动态的形式呈现在小学数学课堂

上，教师可以多角度融入数学史的相关知识，丰富学生的学习见闻。你知道吗？数学家的故事、资料补充等多个模块都蕴含了丰富的数学史知识。像分数的表示方法、小数点的发明、圆周率的历史、常用的计数工具等。

数学史与数学思想是相互融合的两个部分，在数学课本中有多种呈现方式，如传统的鸡兔同笼问题、珠算、算筹计数等，都属于数学史的相关知识，一些课外阅读素材，如《数学家小故事》《布巴的五指计数》都可以像语文素材一样，供学生阅读和欣赏，让学生了解丰富的数学史知识。

## （三）数学思想方法

思想方法属于意识层面的数学文化，从小学阶段开始，教师就要树立良好的数学思想渗透意识，循序渐进地使小学生掌握归纳、概括、联想、对比、辩证、方程思想、函数观念等，进而为学生高阶数学学习奠定有效基础。

### 1. 集合思想

从一年级开始，教师就可以向学生渗透集合的思想，如自然数与整数、单数与偶数，这些都可以按照不同的规则将它们划分到不同集合里边。在集合部分还涉及了交集的概念，如有的数既是 3 的倍数，又是 2 的倍数。

### 2. 符号化思想

数学符号本身就是数学语言的一个组成部分，因此数学文化中包含了多方面的符号思想，基本的如＋、－、×、÷，另外还有面积公式、周长公式、体积公式等都属于数学符号的相关知识。

### 3. 划归思想

划归思想是数学问题解决中常用的思想，从小学阶段开始就要培养学生运用化归思想来解决数学问题。如在进行数学计算时，我们可以把一些不规则图形进行割补，将其转化为长方形、正方形或三角形，这就是划归思想的一个体现。

另外，还有极限思想。比如循环小数就是非常典型的极限思想，再比如求多边形的面积时当边数足够多就趋向于圆，这也是极限思想。此外小学数学中还有对应思想、函数思想等多方面的知识，这也属于数学文化的重要组成部分，在教学的过程中，教师可以有机渗透，让学生具备良好的数学文化认知。

## （四）数学美

数学美是数学文化的重要组成部分。数学美的渗透不仅可以使学生对数学文化有一个形象的认知，同时可以很好地激发学生学习数学的兴趣。数学美包含了多个方面。

### 1. 简洁美

数学的简洁美体现在多个方面，首先数字就是数学简洁美的一个很好地体现，数学的数字书写起来非常的简洁，而且在基数统计等多个方面都有广泛应用，另外，很多数学符号也具有简洁的特征，如乘法的结合律，如果用文字来表示就非常的复杂，而如果用数学公式来体现简洁、直观，而且意向的传递非常精准。

2. 对称美

数学的对称美更包含了多个方面的知识，首先，图形的对称就是数学美最佳、最直观的体现，正方形、长方形、三角形等都是常见的对称图形；其次，数学的平移、旋转也是数学美思想的一个有效体现；最后，在很多数学公式中，如 $a+b=b+a$ 也是数学美的一个良好体现。

3. 奇异美

奇异美也是数学文化的一个组成部分，数学的奇异美表现在很多方面，如计算过程中 $11\times11=121$、$111\times111=12321$。另外，数学的奇异美还表现在多个方面，如三角形的稳定之美、平行四边形的形变之美等，都属于数学奇异美的组成部分。

## 三、数学文化在小学数学中的渗透

随着课程改革的不断深入，数学文化将会真正渗透到教材、进入课堂、融入教学之中，成为数学教学中的重要组成部分。当数学文化的魅力渗入教材，与课堂教学融为一体，数学就会显得更有“人情味”，更有“美感”，数学教学就会通过文化层面让学生更加喜欢数学，热爱数学，激发学生学习数学的热情，最终为提升自身的数学文化素养和创新能力打下坚实的基础。如此一来教师教学以及学生学习都会愈发轻松愉快，更重要的是传承了数学文化的思想，实现了数学文化的价值，这正是数学文化的独特“魅力”！

### （一）数学课堂教学要注意展现知识的发展过程，渗透数学文化的科学教育价值

数学作为一种文化，是教学的重要内容，有着它自己的丰厚的文化渊源。然而多少年来，在学生的心目中，数学总是与符号、定理、法则、运算等联系在一起，难学难教、枯燥乏味。其实，每一个重要数学知识的产生都有其深刻的背景，我们的课堂教学不仅要让学生获得知识，更重要的是通过知识获得的过程来发展学生的能力。数学思想、数学思维、数学精神等一些数学文化的精髓都依附在知识发生发展的过程中，课堂教学可以通过创设知识产生的历史背景、数学的思想方法、数学家追求真理的科学精神，尽力向学生展现数学知识的产生、发展的过程，使学生在追寻数学发展的历史足迹的过程中，能够看到数学知识形成的过程和发展的趋势，也就是能够触摸到数学知识的来龙去脉，使学生在学习的过程中能够真正体会到数学本身的需求和社会发展的需要，是数学发展的原动力，逐步形成正确的数学观。这也正是在教学中渗透数学文化所要达到的目的之一。

### （二）数学课堂教学要尽量引导参与自主实践，体验富有生命力的数学文化知识

现代社会的发展已经使教育观发生了根本性的转变：真正的教育不是“告诉”，有意义的知识并非是教师手把手地教给学生，而是学生在具体的情境中通过活动体验而自主建构的。《全日制义务教育数学课程标准》（实验稿）指出：“有效的数学学习活动不能单纯地依赖模仿与记忆，动手实践、自主探索与合作交流是学生学习数学的重要方式。由于学生所处的文化环境、家庭背景和自身思维方式的不同，学生的数学学习活动应当是一个生动活泼的、主动的和富有个性的过程。”在数学教学中，教师应该更加重视数学课内外的实践活动，让学生在实践中学习，自主参与，体验数学，这也是构建数学课堂文化的重要策略。例如，开展“数学文化主题实践活动”，各年级开展了适合本年级的数学实践活动，在“国际数学节”这一天，展示丰富多彩的优秀作品，给全校师生呈现了一场数学文化盛宴；亲子玩魔方，益智又快乐；数字华容道，玩出了新高度；巧用火柴棒，拼图形、摆数字；视频展示数学知识我来教，数学故事我会讲；操作演示《莫比乌斯带》；绘制数学小报、思维导图展示我的收获等等，从小处着眼，细节入手，老师给孩子们搭建了一个快乐、益智、展示的舞台，让学生切实感受到了“数学好玩”“数学有用”“数学美妙”的特点。

结合我校实际，疫情期间，针对孩子的年龄特点和知识水平，我校分年级开展了数学实践作业和数学实践活动，有数学知识的应用《检测你的体重标准吗？》；有感受数学美，体会数学与生活的联系《创作美丽的轴对称图形》《制作钟表》；有把握知识脉络，形成学习能力的特色思维导图；有传承钻研的精神，讲好数学家的故事……这些实践活动不仅改变了学生的学习方式，营造了浓厚的学习数学的氛围，增强了学生的学习兴趣，更提高了学生的核心素养，为学生的终身发展奠基。

### （三）数学课堂教学要注意挖掘生活中的数学教学素材，渗透数学文化的应用教育价值

数学的文化意义不仅在于知识本身和它的内涵，更在于它的应用价值，从这个角度讲，数学应用教学是数学科学与数学文化的最佳契合点。课堂教学中可以把现实生活中遇到的一些数学现象或数学问题作为教学素材，或者将教材中的问题适当开放使之更接近实际，让学生认识到数学与我有关，与实际生活有关，数学是有用的。利用《数学文化读本》拓展教材以外的数学文化资源，挖掘关联的数学知识的厚重文化资源，实现数学教学与人文熏陶的融合。

### （四）数学课堂教学要充分利用数学家的故事，渗透数学文化的人文教育价值

数学家的故事或是数学发展史上的一些故事都是体现数学文化价值的一种非常有效的途径。因为通过生动、丰富的事例，学生们可以初步了解数学产生与发展的过程，体会数

学对人类文明发展的作用，提高学习数学的兴趣，加深对数学的理解，感受数学家的严谨态度和锲而不舍的探索精神等。所以我们在数学课堂教学中应注意搜集与数学内容有关的数学故事，在讲到相关内容时，随时插入课堂教学中和学生进行交流，对学生进行数学文化的人文价值教育。比如探索平行四边形的面积公式时，可以利用 2 个一模一样的三角形合拼探索公式的由来，在这个过程中，学生要条理清楚，有理有据地表达自己的观点，培养了学生观察、比较、推理和概括的能力。当然此环节可以给学生渗透数学家刘徽创建“以盈补虚”的方法，把数学名人“请进”课堂，让学生近距离仰望，感受数学名人的气息。让学生沿着古人的足迹，探索知识的奥秘。沟通了古今之间的联系，穿越时空直达数学本质。

## 第二节　数学文化在中小学数学课堂教学中的渗透

### 一、数学课堂教学中渗透数学文化的意义

《义务数学课程标准（2011 版）》中说道：“数学是人类文化的重要组成部分，数学素养是现代社会每一个公民应该具备的基本素养。”

作为小学、中学到大学必修的重要课程，数学是人类必不可少的知识，这一点不会有人质疑。纵观历史，人类的许多发现就像过眼烟云，很多学科是从推翻前人的结论而建立新的理论的，物理、化学、生物等都是如此。然而，古往今来数学的发展，却不是后人摧毁前人的成果，而是每一代的数学家在原有建筑的基础上，再添加一层新的建筑。因而，数学的结论往往具有永恒的意义。欧几里得是两千多年前的古希腊数学家，然而，以他的名字命名的欧几里得几何至今还发挥着重要的作用。大家都知道的勾股定理，不仅没有被人认为老掉牙而不屑一顾，相反还被人称为千古第一定理，一直被高度颂扬、反复应用，就充分说明了这一点。

2015年高考，全国新课标卷Ⅰ第6题、新课标卷Ⅱ第8题、湖北卷等都引用了《九章算术》中的经典问题作为考查载体；2019 年高考全国卷Ⅰ第 4 题涉及古希腊时期提出的“黄金分割比例”“断臂维纳斯”；第 6 题是关于我国古代典籍《周易》用“卦”描述万物的变化。这无疑从侧面说明，教师应重视数学文化在数学课堂教学中的渗透，充分发挥数学文化教学的能动作用。

### 二、数学课堂教学中渗透数学文化的价值

#### （一）展现知识的发生发展过程，渗透数学文化的科学教育价值

数学科学具有悠久的历史，与自然科学相比，数学更是积累性科学，其概念和方法更

具有延续性，比如古代文明中形成的十进位制计数法和四则运算法则，我们今天仍在使用，诸如费马猜想、哥德巴赫猜想等历史上的难题，长期以来一直是现代数论领域的研究热点，数学传统与数学史材料可以在现实的数学研究中获得发展。

我国五千年的古老文明，孕育了灿烂的数学文化，出现过刘徽、祖冲之等伟大的数学家，以及《九章算术》等经典的数学传世之作。教学过程中，教师应充分利用这些独有的宝贵的教学资源，通过一些数学史实，如七巧板、圆周率、数的产生等史料的介绍，让学生了解数学知识丰富的历史渊源，了解祖先的聪明智慧，增强民族自豪感。再如，在学习了圆的周长、面积之后，让学生阅读有关拓展知识，学生在欣赏有关圆的周长、面积的历史时，讲讲祖冲之与他的儿子，体味数学家思维。适时向学生介绍这些数学文化，可以丰富教学内容，扩展学生的知识面，提高学生的兴趣。

一些外国数学历史、文化及名人故事的渗透，也有助于学生对知识、科学、真理的求索；对客观现实、自然规律的遵循；还能拓宽学生的眼界、发散学生的思维，在潜移默化中影响学生的格局。例如数字“0”的出现的历史、古希腊极为辉煌的数学文明的介绍、阿基米德排水法鉴定王冠的故事等，让学生客观地了解数学的发展，理性地看待中外数学名家所做出的伟大贡献。比起当今兴起的青少年盲目追星现象更有实际意义和教育价值。

通过数学文化的学习，学生将了解数学科学与人类社会发展之间的相互作用，体会数学的科学价值、教育价值，开阔视野，激发对于数学创新原动力的认识，受到优秀文化的熏陶，从而提高自身的文化素养和创新意识。

### （二）展现数学的独特的美，渗透数学文化的艺术价值

被一些人错误地认为枯燥无味的数学，实际上有其独特之美，是充满着无穷的魅力的。数学中不乏一些赏心悦目、千姿百态的内容，确实使人叹为观止。

例如，古人形容一个绝代美女时有这样的说法：增之一分则太肥，减之一分则太瘦。数学上任何一个等式也是这样，哪一边多了一点或是少了一点，就要破坏等式两边的平衡，就不是等式了。这体现了数学上结论的高度严密性，不仅会使人产生绝对的信任，也一定会给人带来高度的美感，带来丝丝入扣、天衣无缝的美感。

张齐华老师在执教“圆的认识”一课时，首先让学生感受圆的美。在与直线图形的比较中，感受圆的圆润美；在与不规则的曲线图形的比较中，感受圆的饱满美；在与椭圆的比较中，感受圆的匀称美，然后在进一步画圆的过程中，花大气力让学生体会到圆的所有美都源自圆的特征——半径同长。

数学的美具有美的一切特性，不仅具有逻辑美，更具有奇异美；不仅内容美，而且形式美；不仅思想美，而且方法美、技巧美，简洁、匀称、和谐，到处可见。著名的斐波那契数列，其独特的外形美引人注目，它又与黄金数 0.618、勾股定理关系密切，演变出一系列奇妙的性质，令人神往，成为数学文化的一段佳话。正如罗素所说：“数学，如果公正地看，包含的不仅是真理，也是无上的美——一种冷峭而严峻的美，恰像一尊雕像一样。”

### （三）展现数学与生活的密切联系，渗透数学文化的应用价值

数学知识源于生活，也只有让它扎根于生活的土壤中，它才会有强大的生命力。在我们的生活中，到处都充满着数学，教师在教学中要善于从学生的生活中搜集信息、抽象出数学问题，充分挖掘数学知识本身所蕴含的生活性、趣味性，调动学生善于质疑、自主研究，主动寻觅数学与生活之间的密切关系，探索生活材料数学化，使学生感到数学就在自己身边，看得见、摸得着，就会对数学消除畏惧感、神秘感，从而产生亲近感和浓厚的学习兴趣，使学生轻松愉快地学习数学。

例如，让学生亲自设计一些省钱、省时方案；由学生分工合作，搜集一些统计数据，并得出一些可行性结论，应用到生活当中；给学生创造尽量真实的生活情境，让学生参与其中、乐在其中。让学生体会到无处不在的数学足迹，培养学生科学理财的意识，了解数学的应用价值，让学生在无形之中体验数学、感受数学文化。

### （四）展现数学家刻苦钻研的精神，渗透数学文化带来的创造性思维能力

数学世界里有着丰富多彩的故事，数学家就是这个世界里的主角，教学中适当渗透数学家的创作故事，帮助学生探究数学概念、数学理论诞生的源头，追寻数学发展的轨迹，感悟科学的真谛。数学能有今天的繁荣昌盛正是千百年来无数先驱勇于探索、辛勤耕耘的结果，他们严谨治学的态度、献身科学、追求真理的精神值得我们学习。

在“复数的确认”过程中，事实上16世纪的数学家对负数还持有怀疑态度，负数的平方根自然更是荒谬绝伦了。虽然意大利数学家卡尔达诺在解三次方程的过程中几次用到了复数，但最终他还是把它们放弃了，因为“它们既摸不透，又没有用途”。大约经过了一代人的时间，另一位意大利数学家邦贝利创造性地迈出了勇敢的一步。他把虚数看成是运载数学家从实系数三次方程到达其实数解的必要工具。这就是说，从熟悉的实数域出发，最终回到实数解，但中途不得不进入我们所不熟悉的虚数世界，以完成数的完美旅行。而正是数学家邦贝利创造性思维能力的展现，使得复数从三次方程而不是二次方程获得原动力，并由此得到无可争辩的合法地位。

## 三、关于数学文化的渗透，容易存在的问题

虽然很多教师都热衷于运用数学史料等文化的渗透，但其实却是在机械地贴标签。典型的表现是，往往在全部的教学内容完成后，再介绍有关的数学史知识。不能实现将数学史料、数学家的论述和孩子们的认知过程无缝对接。数学文化的渗透不仅仅是介绍外在“附着”的文化因素，更应该注重探寻数学知识背后的思维内涵，在学习数学本身的过程中获得数学文化的渗透，如此才更富有启迪意义和发展的张力。虽然我们不能具体地剖析某个知识的形成过程中蕴藏着怎样的文化，但只要学生开展积极的思维活动，随着理解的不断

加深必然会跨越纯粹的认知层面，而直抵数学的文化层面。因此，数学教师要学会准确解读出内隐于数学知识背后的这些因素，并以合适的教学行为予以呈现，最终沉淀为学生的思维观念与个性品质。一旦做到了，数学文化自然也就得以渗透，学生的数学素养也就得以有效的提升。

## 第三节　数学文化在小学数学教学中的渗透原则和策略

### 一、数学文化在小学数学教学中渗透的基本原则

数学文化在数学课堂的渗透是一个缓慢而深入的过程，在数学文化渗透的过程中，教师需要坚持一些基本原则，这样才可以更好地提升数学文化渗透的效果。

#### （一）连续性原则

数学文化渗透涵盖的面非常广，因此在数学文化渗透的过程中，教师必须要坚持连续性原则，持续不断对学生开展渗透，并尽可能多地涵盖多个方面，从而更好地使学生树立数学文化的学习和传承意识，这样才可以更好地提升数学文化渗透的效果。

#### （二）全面性原则

全面性原则包含两个层面的意思：一是数学文化知识渗透的全面性，二是数学文化渗透角度的全面性。在数学文化知识渗透层面，教师既要让学生了解数学史、数学思想、数学美等多个方面的内容，同时在渗透角度方面，除了进行直接的讲解之外，还可以借助图形讲解、例题解答、数学练习、课外阅读等多个途径同步对学生开展渗透，让学生从多个角度接受和了解数学文化，这样才能够更好地升华学生对数学文化的认知。

#### （三）发展性原则

教师在对学生开展数学文化渗透时，要兼顾学生的接受情况，循序渐进地提升数学文化渗透的目标和路径，将更多更新的数学思想、数学理念引入，引导学生逐步探究、积极发现。对于数学文化的渗透，不能仅仅着眼于课本上所呈现的知识和理论，教师要积极搜寻更多广泛的数学知识，对学生开展多个角度的渗透，这样可以更好地激发学生的学习创新意识，对学生的长远性发展产生良好的推动作用。

## 二、小学数学教学中数学文化渗透的积极对策

### （一）提升教师的数学文化素养

要想持续对学生开展有效的数学文化渗透，教师自身需要具备良好的数学文化素养，因此，教师自身要具备良好的学习和提升意识。首先，教师可以在日常工作生活中订阅一些与数学文化相关的报纸、期刊、书籍等，通过广泛的阅读来充实自身的知识体系，并从数学文化的学习过程中了解更多数学知识讲述的方式和方法，结合前沿数学研究动态，丰富数学知识视野，拓展数学文化渗透的路径。其次，学校要提升对数学文化的重视程度，定期组织教师开展数学文化学习，提升整个教师队伍的数学文化素质，可以聘请校外专家进行校内讲座，也可以通过网课等形式组织教师开展集体学习。另外，还可以借助数学小组，让教师开展研讨性学习和课题研究等，营造良好的数学文化教学氛围。

### （二）推进数学文化与教学实践的有机结合

小学阶段数学文化的渗透是一个系统而连续的过程，教师在对小学生开展数学文化渗透是不能脱离实践的，单纯对学生进行数学文化的渗透，这不仅会影响数学文化渗透的效果，同时还会使学生产生排斥心理。因此，数学文化的渗透要与实践相结合，融合教学过程之中，循序对学生开展数学文化的渗透，更好地升华数学文化渗透的效果，让学生具备积极的审美认知，主动发现美、创造美、欣赏美，这不仅可以更好地增强数学文化渗透的效果，而且能够推动学生创新意识获得全面发展。数学文化渗透的过程中，教师要注重为学生的探索发现提供平台，让学生自己来动手算一算、拼一拼，使数学美融合于学生的学习过程之中，从而推动学生对数学文化全面理解。

### （三）开展合作学习鼓励学生主动探究

数学文化的渗透不应该仅仅由教师向学生来传递，更可以组建数学兴趣小组，开展数学阅读活动，进行数学自主探索等多个过程，让学生在多元趣味的学习活动之中更好地发现数学之美，并通过数学文化的渗透，使学生具备良好的情感、态度、价值观。以数学小报为例，教师可以为学生自主确定一个主题，让学生通过书籍、图书馆、网络等多个渠道，搜集素材来绘制相关主题的数学手抄报，给学生提供一个平台，让学生积极探索，有效发现、个性展示。这样不仅升华了学生对数学文化的认知，而且能够指引学生开展有效的自主学习和探究互动，能够很好地提升学生的学习、交流意识。同时，班级的黑板报也可以交由学生来自主完成，以组为单位，每周让学生准备一个主题，集思广益将自己的成果展示出来，这样可以更好地建立起全面的数学渗透配套体系。

### （四）结合习题增加数学文化的内容

传统模式下数学考试中对学生的考核集中于计算，随着新课程里新课改理念的深入推进，目前对于学生的数学信息意识、阅读能力及人文情怀都提出了更高的要求。因此，在数学题目的呈现方式上，也可以及时融入数学文化的相关知识，如教师可以结合一些数学小故事，让学生尝试用分类的思想、集合的思想来解答问题，这种趣味性的习题可以使数学题目的可读性更强，同时在数学故事中可以蕴含多方面的数学文化，让学生灵活地掌握，更好地升华数学文化的育人价值。

总之，对于数学文化的呈现，教师要能够迎合学生的兴趣，以生动直观的方式来呈现，升华数学文化渗透的路径和方法。在教学的过程中，教师要尽可能多地搜集应用案例，并鼓励学生动手来想一想，做一做。这样就将数学文化以动态的形式呈现，同时与学生的动手实践有机联系在了一起，能够使学生更好地理解数学文化，感受数学文化学习的乐趣，同时在毅力、品质、动手意识等方面受到有效熏陶，进而更好地展示数学之美。

## 第四节　小学数学课堂中渗透数学文化的案例

### 一、国内外在小学数学课堂中渗透数学文化的成果及经典案例

从 1897 年苏黎世国际数学家大会召开以来，国外数学家通过对数学教育的研究，逐渐认识到数学文化是人类文明的重要组成部分，并逐步开展了对数学文化的深入研究。以下是美国小学数学课堂渗透数学文化的案例《分装糖果》：

教学目标：让学生理解单位、位值制的概念，并能够灵活运用个、十、百等基本的计数单位表示量的大小。

情境创设：王老师现在有一些糖果需要装到袋子和盒子里。每个袋子装 10 颗糖果，当装满 10 个袋子以后，将这 10 个袋子装在 1 个盒子中。请问，她有多少颗糖果？她需要多少个袋子和盒子呢？

道具准备：小纸盒（代替袋子），鞋盒（代替盒子），塑料玩具方块（代替糖果），装有 100 ~ 500 个小方块的容器以及用于记录解决问题过程和数据的纸笔。

教学过程：学生确认好问题和道具后开始解决问题，教师巡视，一开始，教师观察到大部分学生能够将小方块按 10 个一组进行计数，但他们只是数出了所有小方块的数量，仅有极少数学生考虑到还有更快数出小方块个数的方法，将小方块 10 个 10 个地装进袋子里。巡视过程中，教师用照相机及时记录下学生解决问题的过程。接下来，教师将拍到的问题解决过程通过大屏幕展示给全班学生，其中有两种典型的策略：一种是 10 个 10 个地

数，另一种是将 10 个小方块连成一个小火车并在旁边标注小方块的数量（如图 6-1）。

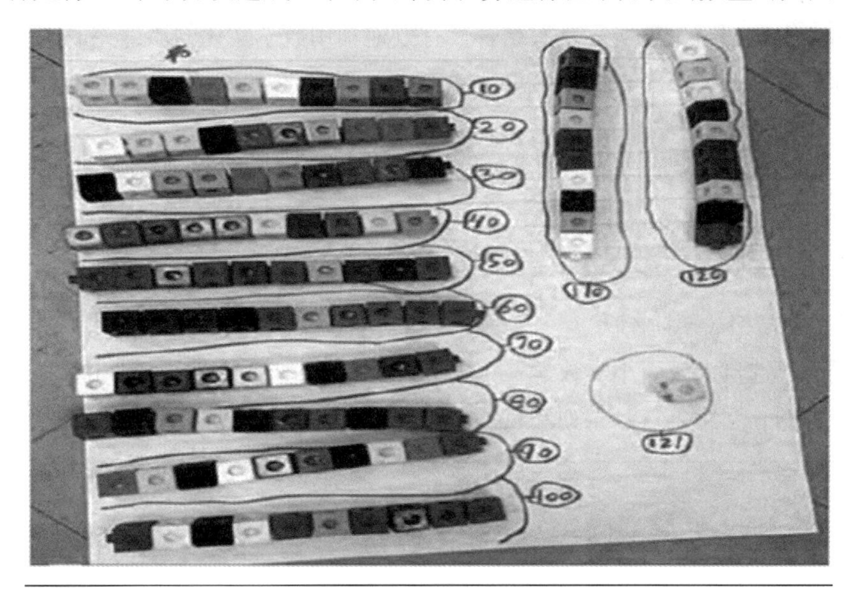


图 6-1　策略二实物图

学生对这两种策略进行比较，最终认为第二种策略更容易计数。

此时，一名学生注意到一组小方块正好可以装进一个袋子中，教师顺势引导学生讨论图中的这些小方块可以放进多少个盒子和袋子，并将数据填入设计好的表格内，再让学生仿照表格表示出自己手中小方块的数量。最后教师引导学生对本题进行拓展和巩固练习。

我国在教学改革方面也不断进行探索，很多数学教育学者在国外对数学文化的研究基础上，也对数学文化进行了较为深入的研究，并提出了自己的观点。以下为中国小学数学课堂渗透数学文化的案例（《分数的意义》节选）。

教学目标：1. 进一步认识分数，理解分数的意义。2. 认识分数单位，感受到单位的价值。3. 体会到数学好玩，进一步喜欢数学。

教学过程：教师播放动画片：小头爸爸出去买沙发套，到了商店发现忘了测量沙发的长度，于是打电话让大头儿子测量一下，可大头儿子发现家中没有尺子，这时教师提问学生有没有好的办法，学生们提出“用其他工具来代替”的想法，教师继续播放动画片：大头儿子想起爸爸常戴的领带可以代替尺子测量，于是他找出一条爸爸的领带，先将领带对折，发现不行，再对折，还是不行，又对折了一次，折好后放在沙发前测量，发现刚好量够 7 次，教师再提问“领带被分成了多少份”，并找学生回答，接着教师进一步提出“为什么大头儿子首先想到的是找尺子测量”，引出学生对单位的讨论，之后又提出“大头儿子没有尺子上的单位，又怎么测量出了沙发长度”，引出单位的重要性，由此开始对分数的进一步认识。

美国课堂案例中，教师通过带领学生动手实践、提问启发学生让学生体会数学与生活联系的紧密性，同时为学生个性的发展和能力的提高创造了良好的条件，国内课堂案例则通过有趣的情景创设和巧妙的提问激发学生的学习兴趣，开阔学生的思路，达到良好的教学效果。两个案例都与生活实际紧密结合，有效地利用数学文化的渗透完成了对学生知识和情感目标的教育。

## 二、在数学课堂教学实践中渗透数学文化解决疑难点的案例

### （一）通过创设情境渗透数学文化

案例 1：九宫格（三阶幻方）

本案例内容选自人教版小学数学二年级上册第二单元《100 以内的加法和减法（二）》课后习题：把图 6–2 中每行、每列和每一斜行的 3 个数加起来，你发现了什么？

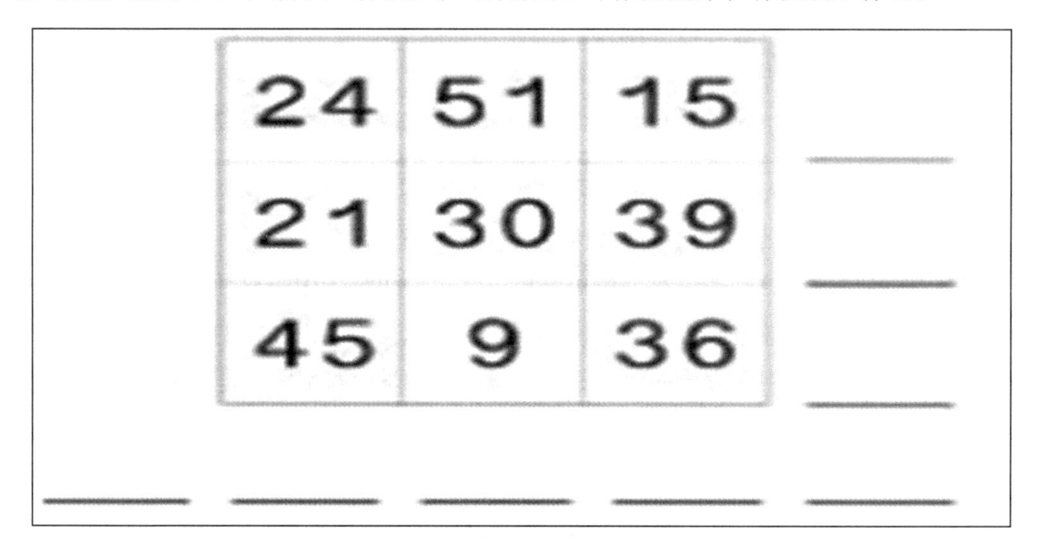


图 6–2　九宫格示意图

本题先引导学生得出每行、每列和每一斜行的 3 个数相加都是 90，紧接着对九宫格的填写规律进行探究：大家喜欢玩跷跷板吗？那大家有没有发现这个九宫格和我们平时玩的跷跷板有点像？不过比我们经常玩的跷跷板多了 3 个方向。假设现在有 9 个小朋友，他们每个人都要选一个位置来坐，前提是 9 个小朋友坐好之后要保证这个“大跷跷板”不偏不倚，我们不妨把这 9 个数字当作 9 个小朋友的体重，那么他们该怎么坐呢？接下来我们一起观察一下九宫格中 9 个数字的填写规律，探究一下到底 9 位小朋友怎么坐才能使“大跷跷板”保持平衡，再由教师带领学生去发现九宫格中间及其周围数字的填写规律。

最后回归生活，举出有关平衡的实例，让学生深切感受到“平衡无处不在”。

本案例通过课后习题的讲解，复习和巩固了之前学的内容，又创设生活情境对习题进行适当的拓展，有助于加强学生的数学应用意识，提高学生的数学素养。

案例 2：打电话问题

本案例内容选自人教版小学数学五年级下册第六单元《打电话》。

首先向学生提出“家里妈妈做饭一般有哪些步骤”的问题，初步带领学生认识问题优化的思路——同步进行，紧接着提出本节课的问题：老师要通知 15 个学生，如果用打电话的方式，每分钟通知 1 名学生，如何使 15 个学生在尽可能短的时间内被通知到。提示大家回想妈妈做饭的步骤并进行小组探究，得出方案，然后挑个别小组进行展示，再引导学生在原有方案上继续进行优化，得出“让每个被通知过的学生去通知其他人能节省时间”的结论，之后用画图的方法展示最快通知学生的过程。通过对所画图的观察，会发现“通话的人数每次都多乘了一个 2，通知的人数每次都比通话的人数少 1”，做出表格后可得出普遍的规律：通话的人数有 2n 个，通知的人数有（2n － 1）个；最后带领学生感受 2 的连乘运算的强大威力：如果接着往下算的话，第 7 分钟破一百，第 10 分钟破一千，第 14 分钟破一万，第 17 分钟破十万，第 20 分钟能破一百万，第 24 分钟能破一千万，第 27 分钟就能破一亿，得出“动手试一试，才能发现更多奥秘”的道理。

本案例由生活实例引入，激发学生的学习兴趣，并借此强调高效利用时间的重要性及其关键因素：同步进行，引导学生用相同的思路解决生活中的打电话问题，并指导学生用画图、制作表格的方式发现事物隐含的规律，开阔学生的思路，从而使学生的归纳推理和解决简单实际问题的能力得到提高，优化思想得到加强，逐步学会高效解决实际问题。

### （二）通过数学史渗透数学文化

案例 3：“小数”是很小的数吗？

本案例内容选自人教版小学数学四年级下册第四单元《小数的意义和性质》第一课时《小数的意义》，是一个复习片段。

首先引出问题：“小数”是不是很小的数呢？引发学生思考，然后带领学生一探究竟：早在公元 3 世纪，我国数学家刘徽就提出把整数个位以下无法标出名称的部分称为微数，这里的“微”就是微小的意思，我们常说“微不足道”就是这个“微”。到了公元 13 世纪，我国元代数学家朱世杰提出了小数的名称，再向学生提问：大家刚才有注意到对微数的解释吗？有没有突破口？引导学生对微数的解释进行思考，紧接着再复述一遍，找出突破口：微数表示整数个位以下也就是小数中小数点之后的部分，不包括小数点之前的整数部分，所以现在的小数是把之前微数的概念放大了，既包括小数点之后的小数部分，也包括小数点之前的整数部分。由此得出问题的结论：要说小数“很小”的话需要把小数的概念再缩小，聚焦到小数点之后的部分，这一部分通过不断分割，每一份不断变小，这才是真正意义上的“很小”，所以“小数”不是很小的数。最后利用小数对学生进行“积少成多”的课程思政教育。

案例 4：盈亏问题

本案例是对人教版小学数学五年级上册第五单元《简易方程》课后“盈亏问题”的拓展讲解。

课堂开始以《九章算术》中《今有共买物》为例进行讲解，将分析过程画图来表示，由此总结出解决“盈亏问题”的普遍方法，再针对同类型问题进行练习巩固，最后得出“我们平时要善于观察、思考和归纳总结，解题时先抓住事物的本质，再去研究解题方法”的结论，并进行题型的拓展，鼓励学生课下讨论研究。

盈不足问题最早记载于《九章算术》一书，本身不易理解，对小学生来说稍有难度，为了减少学生的畏难情绪，先介绍相关的历史引出题目，接着采用数形结合的方式进行讲解，直观易懂，再通过让学生总结并做题强化达到理解的程度，最后进行课程思政教育和题型的拓展，为学生提供更多学习素材和学习空间，提升学生的数学素养。

案例 5：美丽的圆

本案例是对人教版小学数学六年级上册第五单元《圆》的拓展讲解。

首先向学生出示有关圆的美丽图案，然后提问学生：大家有没有想过，它好看在哪里呢？为什么对于一个物体我们会对它有一个好看或者不那么好看的感觉呢？引导学生得出“每个图形里都有圆”的结论，并分析好看的原因：相比我们之前学过的棱角分明的多边形，圆这样线条流畅的图形会更加吸引我们的注意。我们可以看到这四个图案里有各种半径不一样的圆，有的是一整个圆，有的是半圆，还有的是四分之一圆，这些不同的圆放到同一个图案里就会给我们呈现出视觉上的美感，再加上合理的颜色填充，就更加完美了。紧接着联系我们的实际生活进行提问，由此唤醒学生的记忆，发展学生的抽象思维，之后继续进行提问：这种圆形的设计会不会从古时候就有了呢？这时学生都开始回忆他们的生活经验并基于此进行判断，讨论片刻后教师请几位同学进行判断和分析，并对此进行合理的评价，接着就开始出示图片向同学们展示古时含有圆的物件，证明圆在古时候就被人们发现和利用，最后总结：通过圆这一板块知识的学习，我们不仅感受到了圆的美丽，也领略了古人的智慧，希望大家向古人学习，用心观察生活中的美并加以运用，相信我们每个人都可以创造出美好的事物。

本课堂片段由常见的美丽图案引入，吸引学生的注意力，激发他们的学习兴趣，之后进行设问，引导学生思考，并通过数学文化的介绍传递古人的智慧，激发学生的创造热情，培养学生的观察、鉴赏、审美能力。

### （三）通过问题讲解渗透数学文化

案例：6 出入相补

本案例是对人教版小学数学五年级上册第六单元《多边形的面积》的拓展讲解。

首先用“七巧板”引出“同样的图形拼出的不同图案，其面积都是相同”的结论，然后让学生将提前准备好的模具按要求（拼成不同的长方形）进行拼组，得出如图 6–3 中拼法 1、2、3，提问学生：这些不同的图案都有什么共同的特点？学生回答“面积相同”。紧接着引导学生仔细观察少数同学拼出的图形（拼法 3），发现它是通过一条对角线将长方形平均分成两份，再分别在两部分各画出一个顶点之一刚好落在对角线上的正方形所得到的，提问学生：试想如果让我们去画出这两个正方形，我们会怎么画呢？教师引导学生：

关键在于求出小正方形的边长，大家还记得我重复提问大家的那个问题吗？学生回答：同样的图形拼出的不同图案，面积是一样的。由此引出“等面积法”，接着回看拼法 1、2、3，引导学生用等面积的方法来求小正方形的边长：

不妨设拼法 3 中长方形的宽为 a、长为 b（如图 3 中拼法 3 长度标记示意图），那么这个长方形的面积就是 ab，再来看拼法 1 和拼法 2，这是 2 个组合图形，我们可以发现它们的长和宽都一样，并且都是以小正方形的边为宽，只要算出长方形的长就可以通过等面积法求得长方形的宽。提问学生：如何由已知条件得出拼法 1 或拼法 2 中长方形的长呢？学生通过观察拼法 1，可以发现它的长刚好是拼法 3 中长和宽的和，也就是 a+b（如图 6–3 中拼法 1 长度标记示意图），接着求出小正方形的边长为 $\frac{ab}{a+b}$，得出“要构造一个合适的长方形，最好结合已知条件进行”的结论。

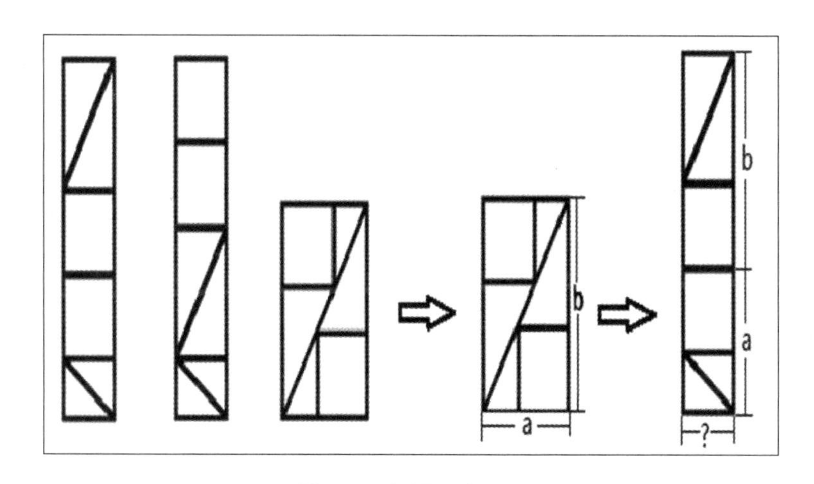


**图 6–3　解题思路导图**

最后向学生介绍原题“今有勾五步，股十二步，问勾中容方几何”，并向学生说明刚刚用的方法是魏晋时期数学家刘徽想出来的，并对这种方法（出入相补法）进行总结，得出“到达目的地的路不止一条，这一条走不通再换一条，所以我们要学习刘徽这种换个方向思考问题的思维模式，说不定会有惊喜的发现”的道理。

多边形（平行四边形、三角形、梯形）的面积计算对于小学生来说比较容易，只要记住公式就可以解决大多数基础的面积计算题，但对于多边形面积这一节来说，更重要的是让学生体验多边形面积推导的方法，感受转化思想的作用，为学生解决更多的实际问题服务，所以本节课通过接触古籍中的数学题，强化学生的转化意识，增进学生对数学史的了解并感受中国数学文化的魅力。这道有关出入相补的数学题对于五年级的学生来说不易理解，所以就从学生感兴趣的拼图开始，将学生带入问题情境，进而通过一系列的问题勾起学生的求知欲，再通过详细讲解和背景介绍完成整道题的讲授，让学生感受古人的智慧，切实体会转化思想的作用，增强对数学的学习兴趣。

以上案例按照创设情境、数学史和问题讲解三方面进行分类，开展数学文化在小学数学课堂中的渗透研究。实践证明，有效渗透数学文化的课堂比传统的单纯灌输课本定义、公式的课堂更吸引学生，大大减少了学生学习数学的畏难情绪，使学生的数学学习处于一个主动探索的状态，有利于学生更好地理解数学知识，培养学生的数学精神和数学素养。

# 第七章　课程思政背景下数学文化的传播与作用

## 第一节　课程思政的理念

2016 年 12 月 18 日，全国高校思想政治工作会议召开。习近平总书记在会议上指出："要用好课堂教学这个主渠道，思想政治理论课要坚持在改进中加强，提升思想政治教育亲和力和针对性，满足学生成长发展需求和期待，其他各门课都要守好一段渠、种好责任田，使各类课程与思想政治理论课同向同行，形成协同效应。"

在此背景下，上海高校提出的"课程思政"开始得到大部分高校的认同。"课程思政"概念的提出，是与思政课程相对而言的。简而言之，就是高校的专业课程都可以发挥思想政治教育作用，专业课与思想政治理论课并不是截然分开的，专业课教师应该用好课堂教学主渠道，与思想政治理论课形成协同效应。为此，充分理解课程思政的丰富内涵，深刻把握课程思政的理论基础，系统规划课程思政的实现路径，对于高校坚持社会主义办学方向，实现全程育人、全方位育人，培养社会主义接班人具有重要的理论和实践意义。

### 一、课程思政的丰富内涵

"课程思政"概念的提出是改进和加强高校思想政治工作的需要，有助于全面提高高校思想政治工作的水平和质量，对于确保全程、全方位育人要求的实现具有重要的推动作用。高校要将课程思政工作落到实处，首先需要了解课程思政的内涵。

#### （一）课程思政是社会主义大学的教育理念

"课程思政"不能简单地理解为课程加思政，而是坚持社会主义大学办学方向的一种教育理念。办什么样的大学、坚持什么方向、高举什么旗帜，是高等教育发展的根本性与方向性的问题，方向错了则南辕北辙。我国高等教育发展方向要同中国特色社会主义建设的现实目标和未来方向保持一致，努力做到为人民服务。坚持社会主义办学方向，离不开思想政治工作。高校思想政治工作应该坚持为中国共产党治国理政服务，确保党对高校的领导，确立马克思主义在高校意识形态领域的主导地位；应始终坚持为巩固和发展中国特色社会主义制度服务，坚定道路自信、理论自信、制度自信和文化自信；应坚持为改革开放和社会主义现代化建设服务，培养中国特色社会主义合格建设者和可靠接班人。课程思政是高校思想政治工作的重要组成部分，体现了社会主义大学的办学特色，坚持了社会主义大学的育人导向。落实课程思政，需要挖掘各门课程的价值意蕴，把教书育人落到实处，确保社会主义大学培养目标顺利实现。

### （二）课程思政是立德树人的根本要求

面对不断变化的国际国内环境、各类思想观念交锋、多元文化思潮的碰撞，高校既面临着发展机遇，也面对着前所未有的冲击。“立德树人是高校立身之本”，高校应将人才培养放在首位。学生除了在学校中接受主流思想和社会主义核心价值观教育外，还会受到社会各类非主流舆论和形形色色价值观的影响。高校对学生三观的形成起着重要作用。为了树立社会主义核心价值观，教师在课堂教学中，不仅要注重学生知识和能力的培养，更要做好学生思想引领和价值观的塑造工作。专业课教师也应当担负起教书育人的责任，课程思政的建设不仅要服从和服务于学科的发展和专业的培养目标，更需要承载一定的精神塑造和价值观教育职能。

### （三）课程思政是全程育人、全方位育人的重要途径

高校的教学工作始终要围绕育人工作这个核心，一切为了学生，为了学生的一切，为了一切学生。教育教学工作应服从服务于青年学生的成长成才，这就需要用好课堂、用足课堂，确保育人工作贯穿教育教学全过程。专业课也应该把知识导向和价值引领相结合，专业课教师在教育教学过程中应弘扬主旋律，发出中国声音，讲述中国故事，弘扬中国精神。课程思政重视传输社会主义核心价值观，重视思想政治理论课对其他学科和课程的引领作用，推进教师教书与育人的统一。高校思想政治工作应把课程思政作为重要抓手，引导学生在课堂中不仅学到知识技能，而且学会做人做事，重视对学生良好思想品德的塑造，使课堂教学的过程成为引导学生学习知识、锤炼心志及养成品性的过程，充分体现课堂教学的育人功能，从而使专业课与思政课同向同行，形成协同效应，实现育人效果最大化。

## 二、课程思政的理论基础及主要关系

“课程思政”的提出，是将马克思主义理论运用到教育教学中实现全程育人、全方位育人的结果，是将马克思主义的辩证唯物主义与历史唯物主义运用到教学中的体现。“课程思政”这一教育理念注意到教育的直接性与潜隐性，注意到人文科学与自然科学的规律性，注意到事物的矛盾性及矛盾的主要方面，即事物的丰富复杂性与主要矛盾等几对关系，最终将实现课程与思政的统一作为思想政治教育的高级境界。

### （一）思政教育的直接性与潜隐性

思想政治理论课是高校思想政治工作的主渠道，具有直接性。专业课程看似是纯粹的知识，但是在育人方面，具有潜隐性，而且在某种程度上起着比思想政治理论课更加明显的作用。因而，作为专业课教师，要“守好一段渠，种好责任田”，要潜移默化地渗透育人的价值，与思想政治理论课同向同行，形成协同效应。因此，要正确处理好教育的直接性与潜隐性的关系。高校课程思政建设，要以马克思主义理论和中国特色社会主义理论引领其他课程的发展，充分发挥四门思想政治理论课在学科建设和课程思政建设中的引领作用，充分体现马克思主义理论对“课程思政”的指导作用。

### （二）在总结人文学科与自然学科各自规律性基础上进行整合

“课程思政”理念下，各类课程都有其亟待挖掘的价值元素。一般认为，人文学科的“课程思政”元素更多，课程与思政更好融合。而自然科学因为是对自然界的客观规律的认识，不太容易与思政内容融合。这就要求专业课尤其是自然科学的专业课教师深入挖掘课程思政资源。课程思政教育理念下，教师不仅要系统而科学地传授知识，还要帮助学生重视生活世界与意义世界的关系。比如，不仅要介绍科学家创造知识的成果，还要传播其探索的勇气、爱国的情怀和锲而不舍的精神，培养学生学习的兴趣、追求新知的志趣，传承科学家的高尚人格及奉献精神。

### （三）课程思政应处理好意识形态主导性和课程丰富多样性的关系

既要增强马克思主义在意识形态领域的主导地位，又要根据不同类型的课程、知识结构的特点有所侧重，使主导性与多样性紧密结合。课程的教学设计、教学内容、教学方法可以是多种多样的，但是，其导向的意识形态具有鲜明的倾向性。课程思政要始终围绕“立德树人”这一根本任务，秉持大局意识，深挖各学科的育人价值，形成课程整体育人的联动效应，促进学生的全面成长成才。

## 三、课程思政的实现路径

“课程思政”推行过程中，有两个问题会影响到其效果：一是单纯地将高校思想政治工作看成是思想政治理论课的事，思想政治理论教育与通识教育、专业教学存在相互分离的现象，未能发挥整体育人作用；二是在人员上，将思想政治教育看成辅导员、班主任和党团组织的事，或者思想政治理论课教师的事，使得其他各类课程教师主要是给学生传授系统的知识，忽视了育人的崇高使命，容易出现“只教书不育人”的现象。这样一来，思想政治教育课程与其他课程分离了，教书与育人分离了，课内与课外分离了，协同育人的效应就消失了。

为了将课程思政落细落实，需要综合考虑教师、课程、教材，以及相关的制度保障等问题。“课程思政”建设需要以问题为导向，以课程为平台，通过将显性教育与隐性教育相结合、人文科学与自然科学相结合、意识形态主导性与课程的丰富多样性相结合，有效推进高校课程思政，实现育人目标，要始终坚持因事而化、因时而进、因势而新，与时俱进地促进“课程思政”的建设。

1. **发挥教师主导促建设落地**

习近平总书记在全国高校思政会的讲话中提到，“传道者自己首先要明道、信道。高校教师要坚持教育者先受教育，努力成为先进思想文化的传播者、党执政的坚定支持者，更好地担起学生健康成长指导者和引路人的责任。要加强师德师风建设，坚持教书和育人相统一，坚持言传和身教相统一，坚持潜心问道和关注社会相统一，坚持学术自由和学术规范相统，引导广大教师以德立身、以德立学、以德施教”。课程思政建设需要每一位教师积极参与，只有把教师充分动员和组织起来，才能使“课程思政”建设落细落实，生根开花，而且要落实到教学大纲、教材、教法、课外拓展等各方面。

每位教师都要深挖自己课程中的思想政治教育资源。课程思政建设要与学科体系建设相结合，明确学科育人资源，建立学科育人共同体。比如，哲学社会科学课程要注重政治导向，挖掘政治文化的育人价值；自然科学课程要挖掘其人文精神和科学精神，重点强化创新意识、科学素养、生态文明和工匠精神教育；应用技能型工科课程实践环节较多，可以通过整合教育实践资源，探讨有效的实践活动形式来挖掘或融入思想政治教育元素。只有学生受到多学科的熏陶，才能树立正确的价值导向，发展出多种能力，有效培养其理性平和的心态、富于人文关怀的情感、高尚的审美情操等。另外，要着力形成课程思政的教学指南和规范，明确课程的思想政治教育元素，在教学目标、教学内容、教学方法、教学平台、成效体现和教学评价等环节明确育人要求，全面提高课程思政的教育教学质量。

高校教师要确立课程思政的教育教学理念。课程思政的效果取决于教师的育人意识和育人能力，教师必须自觉树立牢固的育人意识，时时处处体现育人的职责，扭转偏重传授知识与能力、忽视价值传播的倾向，要注重四个统一。

首先，教师应坚持教书和育人相统一。专业课程的教师不能只做传授书本知识的“教书匠”，更要成为塑造学生品格、品行、品位的“大先生”。要把知识传授、能力培养、思想引领教育融入每一门课程的教学之中，在每一门课程中体现育人的功能。

其次，教师要拓展课程思政的内容载体。教师要从文化素质教育的视角、弘扬中华优秀传统文化的视角和通识教育的视角，将课程建设与思想育人有效结合，因而要避免对“思政”的理解过于狭窄。

再次，教师要坚持言教与身教相统一。“学高为师，身正为范”，教师对学生的影响不仅在于课堂上怎么说，更在于课外怎么做。教师要修身立德，做出示范，成为学生做人的一面镜子。

最后，坚持学术自由和学术规范相统一。不能把探索性的学术问题等同于严肃的政治问题，同样也不能把严肃的政治问题当作一般的学术问题。“课程思政”既要保持自身课程知识的特点，又要与思想政治理论课程始终保持同向同行。

### 2. 依托教材建设促成果固化

教材建设是课程思政成果固化的重要步骤。教材建设是育人育才的重要依托，建设什么样的教材体系，特别是主干课程传授什么样的教学内容，体现了知识的价值导向。教材建设是国家意志的体现，对意识形态属性较强的哲学社会科学教材和其他课程的教材都要深入研究“教什么”“怎样教”等育人的本质问题。要集中骨干教师力量，统筹优势资源，推出高水平的教材。在教材选用上要严格规定，使用国家统编教材。与此同时，要加强教材建设，创新学科体系、学术体系、话语体系。在内容上应尽力避免脱离实际的“空话”“大话”，增强学生成长成才的获得感。要将专业知识与思政内容有机融合在一起，达到“润物细无声”的效果，要让思政内容像水中盐、镜中月一样，无迹可寻又无处不在。

### 3. 强化制度保障促长效运行

制度是长效化与常态化的重要保障，课程思政工作同样离不开制度保障。高校课程思政建设要做好顶层设计，统筹规划，建立常态化的行之有效的领导机制、管理机制、运行机制及评价机制。高校党政主要领导要深入课程思政第一线，亲自授课、听课，指导课程思政建设。基层党组织也要发挥应有的作用。学校教务主管部门要统筹教育资源，拟定课程建设的规范和思想政治教育课程的评价标准，加强试点课程、示范课程和培育课程的建设。人事部门要制定相应的激励机制，在人才引进、师资培养、职称评审等方面有所体现。在推行课程思政的过程中，应注重党政融合，形成齐抓共管局面。学校可以从制度层面强化顶层设计，凝练工作思路，树立几位具教师榜样，建设几门具有典型性意义的课程。党员教师可以起到先锋模范作用，带动与帮助其他教师在课程思政方面多体会、多思考、多研究，共同为“课程思政”建设贡献智慧。

总地来说，课程思政作为一种教育理念正在引起众多高校的重视。虽然课程思政在理论上还需进一步探索论证，在实践中还有待进一步落实和完善，但是课程思政是高校育人的一项系统工程，正在发挥其全程育人全方位育人，为社会主义培养合格接班人的重要作用。我们有理由相信，课程思政将对中华民族的伟大复兴、实现中国梦起到不容忽视的作用。

## 第二节　课程思政的本质与课程思政时代的开启

高校立身之本在于立德树人，立德树人成效是检验高校一切工作的根本标准。“课程思政”是落实高校立德树人根本任务的战略举措，也是全面提高人才培养质量的重要抓手。2016 年，习近平总书记在全国高校思想政治工作会议上强调：“要坚持把立德树人作为中心环节，把思想政治工作贯穿教育教学全过程，实现全程育人、全方位育人……要用好课堂教学这个主渠道，思想政治理论课要坚持在改进中加强，提升思想政治教育亲和力和针对性，满足学生成长发展的需求和期待，其他各门课都要守好一段渠、种好责任田，使各类课程与思想政治理论课同向同行，形成协同效应。”① 习近平总书记的讲话强调在加强思想政治理论课建设的同时，也要着力推进“课程思政”建设，发挥高校其他各门课程的育人功能，共同致力于高校立德树人工作。对此，准确理解和把握“课程思政”的本质内涵，探索解决现实难点的有效对策，才能推动“课程思政”建设取得实效。

## 一、“课程思政”的本质内涵

首先，从字面的角度看，“课程思政”是“课程”与“思政”的组合。“课程”是指学校为实现一定教育目标而选择的教学内容及其进程与安排。具体来说，课程是对教学目标、教学内容和教学方式的规划和设计，是教学大纲、教学计划等各方面实施过程的总和。“思政”是“思想政治工作”或“思想政治教育”的缩写或简称。“思想政治工作”是指特定的阶级为实现政治目标，有目的地对人们施加意识形态的影响，以转变人们的思想和指导人们行动的社会行为。“思想政治教育”是指社会或社会群体用某种思想观念、政治观点、道德规范，对社会成员施加有目的、有计划的影响，使其形成符合社会所要求的思想品德的社会实践活动。“课程思政”之“思政”则理解为“思想政治教育”，即依托特定的课程对学生进行思想政治教育的实践活动。“课程思政”在这里类似教育学中的“学科德育”概念，即在学科课程中渗透德育。高校目前开设的学科课程主要包括思想政治理论课、公共课、专业课和实践课。显然，单纯从字面上看，“课程思政”之“课程”应当包括思想政治理论课在内的高校开设的所有学科课程，“课程思政”也就相应地理解为依托高校开设的包括思想政治理论课在内的各类课程进行思想政治教育的实践活动。

然而，关于“课程思政”之“课程”是否包括思想政治理论课的问题，目前学界主要存在“包含论”和“补充论”两种观点。

“包含论”者认为“课程思政”之“课程”应当包括思想政治理论课在内的高校开设的所有学科课程，“课程思政”与“思政课程”是一种包含与被包含的关系，前者包含并覆盖后者。事实上，这种观点在实践上容易滑入“取消论”或“代替论”的轨道，即用“课程思政”取代“思政课程”。这不仅取消了思想政治理论课作为高校学生思想政治教育核心课程的重要地位，同时也削弱了思想政治理论课在高校学生思想政治教育中的独特功能，不利于“思政课程”的建设和发展。

“补充论”者认为“课程思政”之“课程”不应当包括思想政治理论课在内的高校开设的所有学科课程，“课程思政”与“思政课程”是两套不同的课程体系，各有各的边界，

① 习近平.在全国高校思想政治工作会议上强调：把思想政治工作贯穿教育教学全过程 开创我国高等教育事业发展新局面 [N]. 人民日报，2016-12-09（1）.

在高校学生思想政治教育中，“思政课程”是主体，“课程思政”是补充。事实上，这种观点在实践上容易陷入“非主即次”的两个极端，把“思政课程”单纯地看作是思想政治教育的核心课程或主流课程，而把“课程思政”简单地理解为思想政治教育的边缘课程或次要课程，不利于“课程思政”建设和发展。

其次，从实践的角度来看，“课程思政”与“思政课程”的核心都强调育人，但属于两套不同的课程体系。

“思政课程”特指高校开设的思想政治理论课，是落实立德树人根本任务的核心课程、灵魂课程。教育部在《关于印发〈新时代高校思想政治理论课教学工作基本要求〉的通知》中明确指出“思想政治理论课承担着对大学生进行系统的马克思主义理论教育的任务，是巩固马克思主义在高校意识形态领域占据指导地位、坚持社会主义办学方向的重要阵地，是全面贯彻党的教育方针、落实立德树人根本任务的主干渠道和核心课程，是加强和改进高校思想政治工作、实现高等教育内涵式发展的灵魂课程”[①]。“思政课程”具有鲜明的意识形态属性，在立德树人、铸魂育人，增强学生政治认同、方向认同和情感认同中发挥着不可或缺的关键作用。

“课程思政”是指通过挖掘高校思想政治理论课之外的其他各类课程蕴含的思想政治教育元素，使其融入课程教学中，在对学生进行知识传授和能力培养的同时，实现对学生的德行培养和价值塑造。“课程思政”作为“思政课程”的重要拓展和延伸，目的是要调动高校各类课程教师履行“思政”职责，赋予高校各类课程“思政”内涵，让所有教师挑起“思政担”，各类课程上出“思政味”，使各类课程与思想政治理论课同向同行，协同育人。

将“课程思政”之“课程”限定在思想政治理论课之外的高校其他各类课程，不仅符合党中央有关论述和教育部文件精神，同时也符合高校人才培养工作实践，有助于划清两类不同课程的职责和功能。

一是符合党中央的有关教育论述。习近平总书记在2016年全国高校思想政治工作会议上强调：“要用好课堂教学这个主渠道，思想政治理论课要坚持在改进中加强，提升思想政治教育的亲和力和针对性，满足学生成长发展需求和期待，其他各门课都要守好一段渠、种好责任田，使各类课程与思想政治理论课同向同行，形成协同效应。”[②]习近平总书记的这个论述明确划分了“课程思政”与“思政课程”的“课程”界限，提出了两类不同课程在高校学生思想政治教育中的职责和要求，为“课程思政”与“思政课程”建设指明了前进的方向、提供了根本遵循。

二是符合教育部有关文件精神。教育部在《关于深化本科教育教学改革全面提高人才

---

① 教育部．关于印发《新时代高校思想政治理论课教学工作基本要求》的通知[Z].（教社科〔2018〕2号），2018-04-12.

② 习近平．在全国高校思想政治工作会议上强调：把思想政治工作贯穿教育教学全过程 开创我国高等教育事业发展新局面[N]．人民日报，2016-12-09（1）.

培养质量的意见》中指出："把思想政治理论课作为落实立德树人根本任务的关键课程，推动思想政治理论课改革创新……把课程思政建设作为落实立德树人根本任务的关键环节，坚持知识传授与价值引领相统一、显性教育与隐性教育相统一，充分发掘各类课程和教学方式中蕴含的思想政治教育资源……引领带动全员全过程全方位育人。"[①] 教育部的这个文件明确了"课程思政"与"思政课程"在高校立德树人工作中的功能，强调要协同推进"课程思政"与"思政课程"建设，充分发挥两类不同课程的育人功能，共同致力于高校立德树人工作。

三是符合高校立德树人工作实践。"课程思政"与"思政课程"都服务于高校立德树人工作。将"课程思政"之"课程"限定在思想政治理论课之外的高校其他各类课程，不仅在认识上明确了"课程思政"与"思政课程"的"课程"界限和功能，还有利于准确把握"课程思政"的本质内涵，同时在实践上也有助于针对"课程思政"建设的现实难点，寻求应对和解决之策，使各类课程都能守好一段渠、种好责任田，实现立德树人、铸魂育人。

综上所述，"课程思政"是指依托高校开设的思想政治理论课之外的其他各类课程，挖掘各类课程中蕴含的思想政治教育元素和功能，在课程教学中以隐藏、渗透的方式对学生进行思想政治教育，实现对学生的德行培养和价值塑造的一项思想政治教育实践活动。

## 二、"课程思政"建设的难点

"课程思政"在解决专业教育和思政教育"两张皮"问题，提升高校人才培养质量中发挥着重要作用。但在实践中，"课程思政"建设依然存在一些难点需要突破和解决，具体如下：

### （一）隐性教育的思想认识和实践运用存在难度

首先，"课程思政"隐性教育的思想认识存在不足。"课程思政"具有立德树人的属性和思想政治教育的功能，侧重以隐蔽、渗透的方式对学生进行思想政治教育，属于"隐性教育"。所谓隐性思想政治教育，是指"利用隐性思想政治教育资源，采用比较含蓄、隐蔽的方式，运用文化、制度、管理、隐性课程等潜移默化地进行教育，使受教育者在有意无意间受到触动、震动、感动，提高思想道德素质的教育方式"[②]。由于受思想认识、学科分类和重视程度等因素的影响，当前各类课程教师尚未充分认识到课程本身所蕴含的思想政治教育资源和元素，也尚未充分认识到课程本身在学生思想政治教育的功能和作用。某些课程教师单纯地将思想政治教育看作是意识形态的"政治说教"和国家政策的"跟风宣传"，没有实质性的内容，开展学生思想政治教育既"耗时"又"无用"。甚至有些课

① 教育部.关于深化本科教育教学改革 全面提高人才培养质量的意见[Z].（教高〔2019〕6号），2019-09-29.

② 郑永廷.思想政治教育方法论[M].北京：高等教育出版社，2010：169.

程教师片面地将思想政治教育看作是党建部门、思政部门和辅导员的事情，思想政治教育与自己毫无关系，缺乏在课程教学中融入思想政治教育的动力，教书与育人处于割裂状态。

其次，“课程思政”隐性教育的实践运用存在不足。各类课程教师不愿意或不善于在课程教学中渗透思想政治教育，课程隐性教育功能发挥不足。一是课程“思政元素”运用不足。由于育德意识缺乏，育德能力不足，各类课程教师尚未挖掘课程中蕴含的思想政治教育资源和元素，尚未充分发挥课程教学在学生思想政治教育中的功能，往往只专注于学科课程知识传授，缺乏将政治、道德、思想、信念、价值、情感等“思政元素”融入课程教学，未能有意识地对学生进行价值塑造。二是教师“示范效应”运用不足。古人云：“师者，人之模范也。”教师是“吐辞为经、举足为法”，教师的言行会给学生带来深远的影响。习近平总书记在北京大学师生座谈会上指出：“教师的思想政治状况具有强大的示范性。务必坚持教育者先接受教育，让教师更好地担当起学生健康成长道路上的引路人的责任。”[①] 由于受市场经济功利主义以及西方错误思潮等不利因素的影响，某些课程教师在大是大非面前不能坚持正确的政治立场和政治方向，在现实功利面前不能坚持正确的义利观和价值观，甚至出现严重的失德失范行为。教师这种不良的思想政治状况使其难以通过自身的言行教育、影响和感化学生，难以有效担当起学生健康成长引路人的责任。

### （二）思政元素与课程内容有效融合存在难度

首先，思政元素与课程内容的融合程度整体不高。思政元素与课程内容融合程度直接决定了课程教学育人的影响力，思政元素与课程内容融合程度越高，越是水乳交融，课程育人的效果也就越好。由于不熟悉思想政治教育的内容体系和话语体系，导致课程教师不能准确地选取和提炼课程蕴含的思政元素并使其融入课程教学，其中就包括在哲学社会科学课程中未能准确选取人文精神、审美情操、理想信念、道德情感等思政元素，在自然科学课程中未能准确选取体现马克思主义哲学原理的科学创新、严谨求实、追求真理的科学精神，热爱祖国、甘于奉献、服务人民的伟大情怀，运用科学和技术造福人类的科学伦理等思政元素。各类课程教师往往把与课程教学内容毫不相干的思政元素硬塞进课程教学中，不仅损害了课程知识体系的完整性，不利于课程教学的组织和实施，同时也阻碍了思想政治教育目标的实现。

其次，思政元素与课程内容的融合方式不够恰当。“思政元素”与“课程内容”尤如“盐”与“汤”的关系，“思政就像一把‘盐’，溶进专业教育的‘汤’，‘汤’在变得更可口的同时，也能真正让学生获益，达到育人功效”[②]。“思政元素”的“盐”不需太多，在溶入“课程内容”的“汤”必须讲究时间和火候，讲究方式和方法。“要认真研究党的理论创新成果与各学科专业理论知识的融合方式，既不能做‘比萨饼’，也不能做‘三明治’‘肉夹馍’，要做成‘佛跳墙’‘大烩菜’，真正将习近平新时代中国特色社会主义

① 习近平．在北京大学师生座谈会上的讲话 [N]. 人民日报，2018-05-03（2）.

② 樊丽萍．“课程思政”尝试“将盐溶在汤里”[N]. 文汇报，2018-01-17，（1）.

思想融入教材之中。"①当前各类课程教师往往不分时间、不分地点、不看对象、不讲方式，硬生生地将思政元素塞进课程教学中，不仅破坏了课程教学的完整性和连贯性，同时也滋生了学生对思想政治教育的抵触情绪，专业教育和思政教育依然表现为"两张皮"。

### （三）育人制度构建与育人行动协同存在难度

首先，高校协同育人制度构建尚不完善。协同育人制度是规范"课程思政"建设，引导、激励高校各类课程教师开展课程育人的重要条件。"课程思政"不是单一的某一门课程，也不是孤立的某一项活动，它是高校所有教师、各类课程的集体统一行动，需要一定的制度做支撑。当前"课程思政"在领导管理、考核评价、激励约束、资源共享等方面的制度尚未完全建立并完善，缺乏必要的制度激励和约束，势必导致各类课程教师在课程育人工作中协同育人意识不强、协同育人行动较差，难以发挥"课程思政"系统的协同效应，影响并限制了"课程思政"的建设进程和实际效果。

其次，高校课程教师育人行动缺乏协同。高校各类课程教师尚未形成齐抓共管、协同联动的育人合力，表现出教师出力不合力、行动不联动。由于各类课程教师分散在不同的院系和专业，面对不同的学生，讲授不同的课程，导致各类课程教师在教育培养学生的过程中常常缺乏有效的协调和沟通，加之在思想上把思想政治教育看作是党建部门、思政部门和辅导员的事情，"事不关己、高高挂起"的狭隘观念限制了各类课程教师协同推进学生的思想政治教育，仅仅看到专业知识教育，忽略了价值情感教育。缺失"整体"观念和"协同"思想的各类课程教师只能陷入孤军奋战、单打独斗的"孤岛"困境，难以以整体、协同、联动的力量共同推进课程育人。

## 三、"课程思政"建设的对策

从"思政课程"转向"课程思政"，实际上是对高校思想政治理论课和其他各类课程承担的育人功能的重新定位和有效整合。解决"课程思政"建设中存在的现实难题，关键要建立协同育人制度，健全课程教学体系，畅通课堂教学渠道，提供师资平台保障。

### （一）建立"课程思政"协同育人制度

首先，高校要建立切实可行的领导管理制度。"课程思政"建设是一项长期性和系统性的育人工程，必须从战略高度进行顶层制度设计，做好统筹规划，确保"课程思政"建设规范、有序推进。邓小平曾经指出：制度问题"更带有根本性、全局性、稳定性和长期性"的特点，"制度好可以使坏人无法任意横行，制度不好可以使好人无法充分做好事，甚至会走向反面"。②高校党委要切实担负起"课程思政"建设的主体责任，真正成为高

① 易鑫，黄鹏举.及时把习近平新时代中国特色社会主义思想落实到教材中：九十六种马工程重点教材全面修订 [N]. 中国教育报，2018-02-14（1）.

② 邓小平文选：第 2 卷 [M]. 北京：人民出版社，1994：333.

校学生思想政治教育的责任主体，切实发挥领导核心作用。从协同育人的角度建立健全“课程思政”组织架构和政策制度，按照党委统一领导、党政齐抓共管、各部门协同配合的思路，全面推进“课程思政”建设。高校党委书记要切实履行高校思想政治工作的职责，在“课程思政”建设中发挥第一责任人的作用。高校校长、分管思想政治教育工作的副书记和副校长要切实承担起政治责任、领导责任和组织责任，切实做好党委关于“课程思政”的推动、组织和实施工作。高校教学系部、教务处等部门要在“课程思政”改革领导小组的统筹下，将“课程思政”融入课堂教学建设、课程目标设计、教案课件编写等环节，确保“课程思政”建设的质量和效果。

其次，高校要建立导向明显的考核评价制度。教师是“课程思政”建设的关键因素，教师能否将“思政课程”的德育属性体现在课程教学中，很大程度上取决于教师育德意识的高低、育德能力的强弱以及对课程育人的认同程度。调动课程教师参与“课程思政”建设，增强课程教师课程育人责任，关键要建立导向明显的考核评价制度。“建立健全有利于各门课程和所有教师践履育人职责的考评制度，将坚定正确的政治方向、潜移默化的价值引导、形式多样的思想熏陶、言行一致的教态教风、切实可感的教学效果等作为教材评价、课程评价、教学评价、教师评价的重要方面，融入教育评价和教师评价的全过程，从而将教书育人确立在科学、可靠的制度安排之上。”① 要坚持以“课程思政”建设质量和效果作为考核和评价的根本标准，既要兼顾课程知识传授、能力培养、素质提升的人才培养规格和要求，同时又要突出课程在价值塑造和人格完善的思想政治教育目标和要求。引导教师将“课程思政”融入课程教学计划设计以及教案课件编写，有意识地在课程教学中渗透思想政治教育。同时，还要将考核评价结果全面运用于教师的年度考核、评奖评优、岗位聘任、职务调整和职称晋升等方面，以此激发和调动教师参与“课程思政”建设的积极性和主动性，增强教师在课程教学中开展思想政治教育的责任感和使命感。

### （二）健全“课程思政”课程教学体系

首先，高校要打造协同联动的课程育人体系。高校各类课程都具有育人功能，各类课程都蕴含着育人资源，要将各类课程思政元素融入课程教学中，实现各类课程与思想政治理论课同向同行，形成协同效应。“课程体系是人才培养目标和高校办学使命的内在反映，是知识传授、技能培养、价值塑造的有效途径。”② 打造协同联动的课程育人体系的目的是充分发挥各类课程的育人功能，协同推进课程育人，防止专业教育与思政教育脱节。要主动构建公共基础课、专业教育课和实践类课程三位一体的课程教学体系，深度挖掘课程知识体系中所蕴含的思想价值和精神内涵，注重在潜移默化中坚定学生正确的政治方向和价值追求。打破学科壁垒和专业界限，以开放的姿态促进公共基础课、专业教育课和实践类课程的有效衔接和融通。鼓励学生结合自身兴趣跨学科、跨专业自主选择课程，充分发

① 沈壮海．发挥各类课程的育人功能 [N]. 中国教育报，2005-02-08，（3）.

② 李凤．给课程树魂：高校课程思政建设的着力点 [J]. 中国大学教学，2018，（11）：43-46.

挥各类课程在学生思想政治教育中的育人属性和育人功能。同时，深化以学生为中心的课程教学方式方法改革，不断提高公共基础课的吸引力、专业教育课的渗透力、实践类课程的感染力。

其次，高校要打造融会贯通的课程内容体系。高校各类课程尽管归属不同的学科，承载的内容不同，但都具有思想政治教育的功能。“课程思政”建设要深度挖掘课程蕴含的思政元素，深度浸润各类课程的教学内容，使课程思政元素与课程教学内容交织交融、相辅相成，使价值塑造内生为课程教学中有机的、不可或缺的重要组成部分。教育部在《关于印发〈高等学校课程思政建设指导纲要〉的通知》中明确了“课程思政”建设的内容重点和目标要求，指出：“课程思政建设内容要紧紧围绕坚定学生理想信念，以爱党、爱国、爱社会主义、爱人民、爱集体为主线，围绕政治认同、家国情怀、文化素养、宪法法治意识、道德修养等重点优化课程思政内容供给，系统地进行中国特色社会主义和中国梦教育、社会主义核心价值观教育、法治教育、劳动教育、心理健康教育、中华优秀传统文化教育。”[①]积极推动各类课程思想政治教育内容的衔接、融合和贯通，实现各类课程思想政治教育内容的交叉渗透和协同共振，确保各类课程坚持正确的政治方向和价值导向，帮助学生掌握马克思主义世界观和方法论，深刻理解习近平新时代中国特色社会主义思想和社会主义核心价值观，自觉弘扬中华优秀传统文化，增强学生为国奉献、为民服务的责任感和使命感。

### （三）畅通“课程思政”课堂教学渠道

首先，高校要强化课堂教学的管理。高校各教学单位和各部门要将“课程思政”理念落实到课堂教学管理工作中，围绕“课程思政”要求的知识传授、能力培养和价值塑造三位一体的教学目标做好各项课堂教学管理工作，引导并规范“课程思政”的建设和实施。教育部在《关于印发〈高等学校课程思政建设指导纲要〉的通知》中指出：“高校课程思政要融入课堂教学建设，作为课程设置、教学大纲核准和教案评价的重要内容，落实到课程目标设计、教学大纲修订、教材编审选用、教案课件编写各方面，贯穿于课堂授课、教学研讨、实验实训、作业论文各环节。”[②]积极推动“课程思政”建设标准的制定和课程教学指南的编制，特别是在课程类型、教学大纲、教学目标、学时学分、教学内容、教学方法、教学评价、教学效果等方面体现“课程思政”的要求，为推动课程育人提供切实可行的建设标准和操作规范。

其次，高校要拓宽课堂教学的形式。课堂教学是推进“课程思政”的主要渠道，要综合运用第一课堂和第二课堂，实现两种课堂教学形式的优势互补、相互促进。一方面，要充分利用第一课堂开展形式多样的理论教学、专题讲座、实验演示和形势报告，有意识地

① 教育部.关于印发《高等学校课程思政建设指导纲要》的通知[Z].（教高〔2020〕3号），2020-05-28.

② 教育部.关于印发《高等学校课程思政建设指导纲要》的通知[Z].（教高〔2020〕3号），2020-05-28.

将情感、态度、价值、理想、信念等思政元素融入课堂教学，使学生在潜移默化中受到思想教育和道德熏陶。另一方面，要主动挖掘第二课堂蕴含的思想政治教育资源和元素，将“读万卷书”与“行万里路”有机结合起来，深入开展多种形式的现场教学、社会实践、志愿服务和实习实训等活动，让学生在真实的环境中进行思想教育、品质锻炼和价值塑造。

第三，高校要优化课堂教学的方法。“课程思政”建设要深入开展以学生为中心的课堂教学方法改革，增强课堂教学的吸引力、说服力和感染力。一是现场教学法。现场教学法是依托地方历史资源、自然资源和人文资源，开展以故事讲解、人物介绍、历史叙述等方式的现场教学，开阔学生视野，增长学生见识，升华学生情感。二是集中研讨法。集中研讨法是围绕专题进行讨论或辩论，鼓励学生发表不同意见，表达不同看法，启迪思维，拓宽思路，引导学生形成正确的价值分析和价值判断。三是故事讲解法。故事讲解法是挖掘课程发展史中蕴含的具有典型教育意义的人物或事件，以故事讲解的方式将其呈现在学生面前，达到净化学生心灵、坚定学生信念的目的。四是文献精读法。文献精读法是围绕专题细读、深读文本，准确把握文本内容和思想实质，领略文本蕴含的理论价值和作者的人格魅力，达到建构知识、启迪思想和完善人格的目的。

### （四）提供“课程思政”师资平台保障

首先，高校要打造具有育人共同体意识的师资团队。教师是推进“课程思政”建设的关键性因素，是落实立德树人根本任务，实现铸魂育人的主体力量。高校各类课程教师要加强交流与合作，形成思想政治教育共同体，共同致力于高校立德树人工作。“共同体是基于情感、习惯、记忆以及地缘和精神而形成的一种社会有机体，每个共同体成员具有共同的传统和价值观，彼此相互依存，亲密互动形成共同成长的整体。”[①] 一是要增强教师的育德意识。各类课程教师要有意识地规范自身的言行，以德立身，以德施教，将言传与身教、教化与感染相结合，在春风化雨、润物无声中实现对学生的思想政治教育。二是要提升教师育德能力。各类课程教师要积极参加“课程思政”专题学习和培训，熟悉并掌握思想政治教育内容体系和话语体系，形成较强的课程思政元素挖掘能力、对接能力和融入能力。坚持运用马克思主义的基本立场、观点和方法分析时事热点问题，提升辨别、抵制和批判错误思潮的能力，引导学生分清是非，树立正确的世界观、人生观和价值观。“如果面对错误的思想政治观点，不闻不问，不批评、不斗争，听任他们去搞乱人们的思想、搞乱我们的意识形态，那是极其危险的，势必危害整个国家和社会的安定团结。”[②]

其次，高校要组建具有服务共享性质的综合工作平台。为解决各类课程教师在“课程思政”建设中存在的对话交流、沟通协调和资源共享等方面的现实难题，必须尽早组建具有协同、服务、共享性质的综合工作平台，推动“课程思政”各项工作落地实施。一是开展“课程思政”理论研究。根据“课程思政”建设需要，设立“课程思政”研究课题，加

---

① ［德］斐迪南·滕尼斯．共同体与社会 [M]. 林荣远译．北京：商务印书馆，1999：58.

② 江泽民文选：第 3 卷 [M]. 北京：人民出版社，2006：88.

强“课程思政”建设重点、难点、热点、前瞻性问题的研究，为“课程思政”建设提供必要的理论支撑和实践参考。二是开展“课程思政”专题培训。要将“课程思政”建设要求和内容纳入教师岗前培训、在岗培训和师德师风、教学能力专题培训，提升教师的育德意识和育德能力，为“课程思政”建设提供优质的教师资源。三是开展“课程思政”经验分享。充分利用集体备课会、经验交流会、理论研讨会等形式，总结分享“课程思政”建设中取得的成功经验，探索解决“课程思政”建设难题的方式和方法。

## 第三节　课程思政背景下数学文化的传播与作用

新时代对教育工作提出新要求，课程思政作为加强学生意识形态正确引导的重要手段，应被给予高度重视与大力推进。在中学数学教学中，数学文化与课程思政的融合，可以有效提升学生的爱国情怀与探索精神，在显性与隐形中协调推进学生的思想政治教育工作，完成立德树人的根本任务。本节由数学美、数学史、数学应用三个维度探索数学文化融入课程思政对学生的积极影响，以期为中学数学课程思政建设提供一些思考。

教育是国之大计，党之大计，是民族振兴、社会进步的重要基石。2018 年 9 月 10 日习近平总书记在全国教育大会上明确提出：要坚持把立德树人作为根本任务，加强学校思想政治工作，培养一代又一代拥护中国共产党领导和我国社会主义制度、立志为中国特色社会主义奋斗终生的有用人才。这是对党的十八大以来我们不断讨论的培养什么人、怎样培养人和为谁培养人这一系列根本问题的积极回应。课程思政是教育的一种独特表现方式，课程思政的中的“课程”与“思政”存在着一种有趣的辩证关系：思政在精神层面指导课程质量优化和课程改革持续推进，而课程作为基本载体承载着思政层级的不断升华，二者形成一种有机联动的整体，互相促进。数学文化是数学知识与思想方法及它们在人类活动中的应用和与数学相关的民俗习惯、信仰的总和。它作为人类社会文化的重要组成部分，具有极其重要的价值，将数学文化融入课程思政中，可以有效提升数学教育思政的广度、深度、维度，在培养学生树立坚定的爱国主义、崇高的人生理想以及正确的价值观念等方面意义颇深。

### 一、数学文化融入课程思政的价值意义

《普通高中数学课程标准（实验）》指出数学文化是整个人类文化的重要组成部分，高中数学课程当中要体现数学的文化价值，设置数学史选讲专题。人教版高中数学教材中融入许多与数学文化相关的元素，向学生介绍了许多经典的数学思想，数学方法与解决的数学问题的实际技能。在注重对学生进行道德品质教育的今天，这些元素无疑起到了至关重要的作用。数学文化不但弘扬经典，还与时俱进地向学生展示了数学与科学前沿研究成

果，拓展学生的认知水平，极大地引起了学生对数学的探索热情。作为数学教育测量与评价重要手段之一的高考，近年也逐渐增加数学文化元素，这使得数学教育者、学生以及家长都对数学文化投以注视的目光。2020 年数学高考（理科）全国Ⅱ卷中，选择题第 3 题就以新冠肺炎疫情防控期间，某超市开通网上服务，许多志愿者踊跃报名参加配送为背景。学生在面对这些文化元素时，首先会迸发强烈的民族自豪感：面对重大突发事件，我们党总揽全局，协调各方，使疫情蔓延势头得到迅速控制，有力保证了人民的生命安全，充分彰显了社会主义制度的优越性。其次，商户开通网上服务。这一举动既保证了人民生活物资的充足供应，又降低了因人群聚集而带来的感染风险。这也在以一种润物细无声的隐性方式向学生传递数学思想：遇到困难要善于转变思路，勇于开拓新方法。在抗击新冠肺炎疫情期间，这只是众多创举的一个缩影，面对疫情，我们最早设置方舱医院，开启“生命之舱”，在危急关头创造性地解决医疗床位紧缺问题。中国对新冠肺炎疫情的及时处理为国际社会提供了宝贵经验，给出了高效的中国方案。数学文化与中学数学的课程思政有机结合即是对学生进行思想政治教育的有效手段，也是当下发展的一个趋势。我们以数学文化的三个重要分支——数学美、数学史和数学应用为切入点来研究数学教育中的思政元素。

## 二、以数学文化为切入点观察数学教育中的思政元素

### （一）渗透数学之美，内化学生思想高度

德国著名数学家克莱因曾对数学美发出由衷赞美：“美术作品使人心旷神怡，器乐作品能安抚世人浮躁，文学作品能充实人格修养……但数学却能提供上述的一切。”数学与艺术有许多相通之处，其中最具代表性的特点就是二者都能给人提供美的享受。在一般的理解观念中，数学美包括对称美、黄金分割之美和统一之美等。2019 年数学高考（理科）全国Ⅱ卷第 16 题就融入了对称美的元素。

例 1：中国有悠久的金石文化，印信是金石文化的代表之一，南北朝时期的官员独孤信的印信形状是半正多面体，如图 7–1 是一个棱长为 48 的半正多面体，它的所有顶点都在同一个正方体的表面上，且此正方体的棱长为 1，则该半正多面体共有 _____ 面，其棱长为 ____。

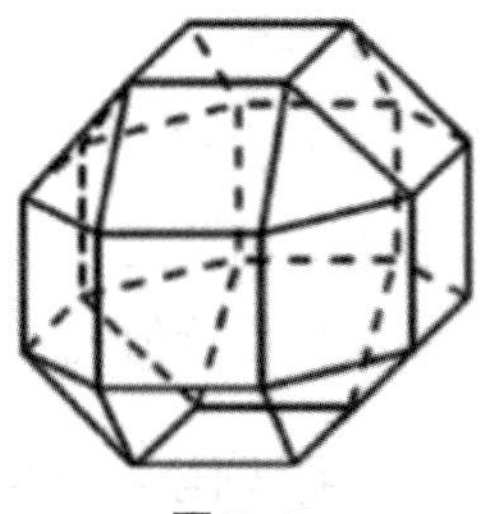

图 7–1

本题以中华传统文化之一的金石文化为题设背景，由题目已知条件与给出的几何图形

综合观察，发现这是一个对称图形。因此该题的本质是一道立体几何问题，同时考察学生的空间想象能力与直观想象素养。学生在解决问题时若能恰当利用对称特征，可迅速准确找到解决问题的答案。数学的内容与结构具有自身独特的美的气质，将数学美融入中学教学中，还可以提高学生的审美能力与审美境界，丰富学生的美学修养，进而促进学生对美好生活的向往。数学美是社会美的一种体现形式，由数学美出发可以完善学生的人格，促进他们的心理健康发展，即内心美。通过数学美的渗透，可以达到塑造学生完美品格的目的，继而升华学生的内心思考。在提高学生学习能力的同时，也提升他们的内化思想高度，为社会主义培育道德品质高尚，能力站位高远的人才。

### （二）审度我国数学发展历程，增强道路文化自信观念

数学作为人类历史上最古老的学科之一，始终深深影响着人类文明的发展历程。以历史的眼光观察数学发展的轨迹，可以得出一个国家在数学领域取得进步的速度与该国的综合国力通常呈正相关，同时世界经济中心的出现往往也带动新的数学中心的产生的结论。15 世纪以前，中国的经济、科技、军事和文化等方面均走在世界前列，这与当时我国数学水平的发达密不可分，我国古代的数学家利用汗水与智慧造就了一个又一个奇迹，极大支持了社会生产力的持续健康发展。将数学史融入中学数学教学中，可以使学生更深刻地领悟知识的本源，中国取得的辉煌数学成就会给学生带来高昂的爱国热情和深深的民族自豪感。以人教版八年级数学中勾股定理的教学为例，我们可以引用“赵爽弦图”和《周髀算经》中提供的思路，为学生讲解勾股定理的证明与应用：如图 7–2，把边长为 $a$、$b$ 的两正方形连在一起总面积是 $a^2+b^2$；这个图形亦可看作由四个全等的直角三角形和一个正方形组成。将图 7–2 中左、右两个三角形按图示变换移动至图 7–3 表示的位置，就会形成以 $c$ 为边长的正方形（图 7–4）。由于图 7–2 与图 7–3 均由四个全等的直角三角形和一个正方形组成，所以它们的面积相等，得证 $a^2+b^2=c^2$。

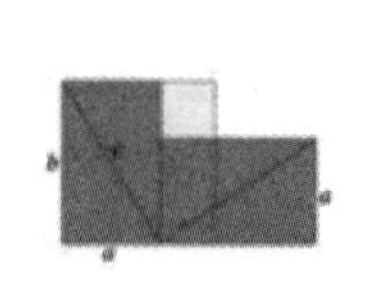

图 7–2

图 7–3

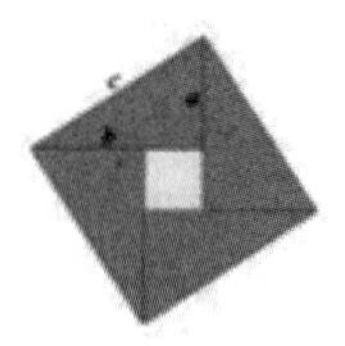

图 7–4

弘扬中华优秀传统文化，提升学生内心自尊自强的文化自信。当今世界正经历百年未有之大变局，中华文化影响力进一步提升，将优秀数学传统文化融入日常教学中，可以从根本上提升人民思想道德素质，社会主义核心价值观念也会更加深入人心。

### （三）强化数学应用，助力中华民族伟大复兴

“宇宙之大，粒子之微，火箭之速，化工之巧，生物之谜，日月之繁，无所不用数学。”经济建设、国防安全、生物技术、人工智能以及航空航天等各个领域都能见到数学的身影。

2020年12月17日凌晨，嫦娥五号返回器顺利完成任务，携带月球样品安全降落，踏梦而行，揽月而归。作为我国复杂度最高、跨度最大的航天系统工程，嫦娥五号本次任务的圆满完成，是我国航天事业发展的一次具有里程碑意义式的进步。此次任务中，数学学科作为中坚力量在其中起到了无可比拟的作用，无论是发射、返回轨迹的精确计算，还是“嫦娥”前行每一步的精密算法，都与数学息息相关。在飞行器着陆轨迹的推演中，接地动压是一个必须考虑的因素，飞行器纵向运动的动力学方程为：

$$v=\frac{D}{m}-g\sin V\cdots\cdots①\qquad V=\frac{1}{v}\left(\frac{L}{m}-g\cos V\right)\cdots\cdots②$$

将运动方程中的独立时间转为高度，变换上式的独立变量可得：

$$q=\left(\frac{d}{d}-\frac{dSC_D}{m\sin V}\right)q-dg\cdots\cdots③\qquad V=\frac{d}{2\sin v}\left(\frac{SC_L}{m}-\frac{g\cos V}{q}\right)\cdots\cdots④$$

据此可求得动压 $q=\dfrac{W\cos V}{SC_L-2m\sin VV/d}$，接地动压的理想优化是飞行器着陆轨迹连续性和平稳性的先期基础，这是数学应用的最佳实例。在中学数学教学中，将数学的实际应用与课程思政紧密融合，可以使学生亲身感受数学的强大魅力。数学学科的进步是民族复兴的重要基础，也为我们的接续前进了提供不竭动力。鼓励学生学好数学，未来以实际行动和高超的技能报效祖国，为民族富强贡献力量。

新时代对教育工作提出新要求，新时代的育人目标首要是培养人的端正品行和爱国情怀。数学学科有着独特的自身特点：历史悠久、抽象度高、应用性广，我们要将思政元素融入数学教学的时时处处，承担好在课程中或显性或隐性对学生进行思想政治教育的任务。幸福生活来之不易，我们要珍惜取得的一切成绩，继往开来，以自己的实际工作踏实助力中华民族伟大复兴的中国梦。

# 第八章　数学文化在大学数学课堂的传播

数学教学的主阵地是课堂，而数学课堂教学则是以数学教材为纲的由教师主导，使学生进行主动学习的数学活动。教师的主导作用体现在教师是课堂活动的组织者、领导者、引导者。数学的教学内容在教材中是以知识体系呈现的，数学教师需要挖掘教材中数学知识的文化内涵，在课堂教学中融入数学文化。

## 第一节　领略数学之美

### 一、数学的美

美是人类创造性实践活动的产物，是人类本质力量的感性显现。通常我们所说的美以自然美、社会美以及在此基础上的艺术美、科学美的形式存在。数学美是自然美的客观反映，是科学美的核心。简言之，数学美就是数学中奇妙的有规律的让人愉悦的美的东西。

历史上许多学者、数学家对数学美从不同的侧面做过生动的阐述。

普洛克拉斯曾断言："哪里有数学，哪里就有美。"

到善和美，但善和美也不能和数学完全分离。因为美的主要形式是秩序、匀称和确定性，这些正是数学研究的原则。德国数学家克莱因曾对数学美做过这样的描述："音乐能激发或抚慰情怀，绘画使人赏心悦目，诗歌能动人心弦，哲学使人获得智慧，科学可以改善物质生活，但数学能给予以上的一切。"

罗素说："数学，如果正确地看它，不但拥有真理，也具有至高无上的美，正像雕刻的美，是一种冷而严肃的美，这种美不是投合我们天性的微弱的方面，这种美没有绘画或音乐的那些华丽装饰，它可以纯净到崇高的地步，能够达到严格的只有最伟大的艺术才能显示的那种完美的境地。一种真实的喜悦的精神，一种精神上的亢奋，一种觉得高于人的意识——这些是至善至美的标准，能够在诗里得到，也能够在数学里得到。"

保罗·埃尔德什形容他对数学不可言说的观点："为何数字美丽呢？这就像是在问贝多芬第九号交响曲为什么会美丽一般。若你不知道为什么，其他人也没办法告诉你为什么。

我知道数字是美丽的。且若它们不是美丽的话，世上也没有事物会是美丽的了。”

数学家徐利治说：“作为科学语言的数学，具有一般语言文字与艺术所共有的美的特点，即数学在其内容结构上和方法上也都具有自身的某种美，即所谓数学美。数学美的含义是丰富的，如数学概念的简单性、统一性，结构关系的协调性、对称性，数学命题与数学模型的概括性、典型性和普遍性，还有数学中的奇异性等都是数学美的具体内容。”

从以上的论述中可见，数学充满着美的因素，数学美是数学科学的本质力量的感性和理性的呈现，它不是什么虚无缥缈、不可捉摸的东西，而是有确定的客观内容的。

数学美有别于其他的美，它没有鲜艳的色彩，没有美妙的声音，没有动感的画面，它是一种独特的美。

数学美与其他美的区别还在于它是蕴含在其中的美。一般人们对音体美容易产生兴趣，而对数学感兴趣的不多，这主要有两个方面的原因：一是音体美中所表现出来的美是外显的，这种美人们比较容易感受、认识和理解。而数学中的美虽然也有一些表现在数学对象的外表，如精美的图形、优美的公式、巧妙的解法等等，但总地来说数学中的美还是深深地蕴藏在它的基本结构之中，这种内在的理性美往往难以被人们感受、认识和理解，这也是数学区别于其他学科的主要特征之一。二是长期以来，我们的数学教材过分强调逻辑体系和逻辑推演，忽视了数学美感、数学直觉的作用，使人们将数学与逻辑等同起来。一味注重数学的逻辑性而忽视了数学本身的美，使人们在数学学习的过程中感到枯燥无味。

大多数数学家会从他们的工作中感受到美学的喜悦，他们形容数学是美丽的来表示这种喜悦。有时，数学家形容数学是一种艺术的形式，或至少是一种创造性的活动，通常将其和音乐、诗歌相比较。

数学之美还在于其对生活的精确表述、对逻辑的完美演绎，可以说正是这种精确性才成就了现代社会的美好生活。

## 二、数学美的范畴

随着数学的发展和人类文明的进步，数学美的概念会有所发展，分类也不相同，但它的基本内容是相对稳定的，即对称美、简洁美、统一美和奇异美。

### （一）对称美

所谓对称美，指组成某一事物或对象的两个部分的对等性，从古希腊时代起，对称美就被认为是数学美的一个基本内容。毕达哥拉斯就曾说过：“一切平面图形中最美的是圆，在一切立体图形中最美的是球形。”这正是基于这两种形体在各个方向上都是对称的。

中国的建筑就很好地应用了数学的对称美，许多的园林建筑都应用了这一点。

数学中的这种对称美处处可见：几何中具有对称性（中心对称、轴对称、镜像对称等）的图形很多，都能给我们一种舒适优美的感觉。几何变换也具有对称性。数学知识中的对称主要有轴对称美，如等腰三角形、矩形；中心对称美，如平行四边形、圆等；形式上的对称美，如正与负、加法与减法、乘法与除法、正比与反比、微分与积分、全概和逆概等。

在教学中可以密切联系生活实际，联系生物体结构，如衣服、裤子、人体是轴对称的，揭示对称美，让学生领会对称美的价值，通过实例加深学生对数学对称概念的理解，培养学生感受美、鉴赏美的能力。

杨辉三角的图案中每一行除了首尾的数字是1以外，其他的数字是左上角和右上角的数字的和。这样就构成了有规律的并且是对称的三角图案。

而这种排列次序恰好与二项展开式的系数相吻合，这正是数学“对称美”的极好体现。

此外代数中的对称多项式、有理系数的多项式方程无理根成对出现，实系数的多项式方程虚根成对出现，函数及其反函数图像的关系，线性方程组的矩阵表示及克莱姆法则等都呈现出对称性。

微积分具有精巧美和对称美。微积分是精巧的，如连续性的判定、极值点的判定与求法、分部积分的方法、牛顿－莱布尼茨公式等等，无不在精巧中充满了逻辑与智慧。微积分中的对称美也无处不在，如概念的对称：有限与无限、无穷大与无穷小、连续与间断、分割与求和、微分与积分、精确与近似、收敛与发散等；公式的对称，如求导公式与积分公式、第一类换元和第二类换元等；图形的对称，如奇偶函数、函数与反函数、单调增与单调减等；方法的对称，如分割与求和、换元与回代等。

### （二）简洁美

汉语要求言简意赅，同样数学作为逻辑性很强的学科，它的语言表达也是简洁的。数学的简洁美并不是指数学内容本身简单，而是指数学的表达形式、数学的证明方法和数学的理论体系的结构简洁。爱因斯坦曾说过：“美在本质上终究是简单性。”

#### 1. 表达形式的简洁

比如，数字“1”，万物生于“1”，小至1个原子、粒子，大至1个太阳、1个宇宙，均可以用“1”来表示。几何形体的各种面积、体积公式，简洁实用，只要符合有关条件，计算不出错，就可以得到正确的结果，细心的人还可以找到它们之间的内在联系。再如，许多简便的解法，也是数学简洁美的体现。

对于一个循环小数，可以采用循环节的记数法，简洁准确地表示出来。数学学习中还涉及许多符号，如四则运算中的“+”“—”“×”“÷”，比较大小的号，还有改变运算顺序的小括号“（ ）”、中括号“[]”、大括号“{}”等等，这些符号都讲究上下左右对称，如果书写时不注意它们的对称性，错写漏写都会破坏它们之间的内在美。

数学图形的构图也是美的重要元素，它包括直线、线段、射线、角、长方形、正方形、圆、平行四边形、梯形、长方体、正方体、球等，这些图形，无论它们的简单和复杂程度如何，都各自具有独特的美。例如，直线表现刚劲有力，曲线表现轻快流畅，三角形富有变化之美，等腰三角形、等腰梯形、长方形、圆等的对称美，正方形的平稳方正，等等。教师可在教学中利用教材提供的各种图形，引导学生在认识和掌握各种图形的过程中，体会它们的美，达到美的感受，并且可以利用图形之间的关系或者一些有趣的规律，发挥学生的想象力，让他们用各种图形拼组出自己喜欢的事物，体会数学的组合美。

数学中的绝大部分公式都体现了形式的简洁性、内容的丰富性。正如伟大的希尔伯特所说："数学中每一步真正的进展都与更有力的工具和更简单的方法的发现密切联系着。"如笛卡儿坐标系的引入、对数符号的使用、复数单位的引入、微积分的出现都使数学外在形式更简洁、内容更深厚。

#### 2. 数学理论的简洁

成熟和完善的数学理论总是由最简洁的形式表现出来的。

#### 3. 数学理论体系结构的简洁

很多繁复的理论体系用数学表达十分简洁，如欧氏几何公理：

（1）过相异两点，能且只能作一直线（直线公理）。

（2）线段（有限直线）可以任意地延长。

（3）以任一点为圆心、任意长为半径，可作一圆（圆公理）。

（4）凡是直角都相等（角公理）。

（5）两直线被第三条直线所截，如果同侧两内角和小于两个直角，则两直线延长时在此侧会相交。

上述前三条公理是尺规作图公理，用来定直线与圆。在纸面上用尺规画出的任何直线与圆，按定义而言，都不是真正数学上的直线与圆。然而，欧氏几何似乎是说：我们可以用尺规做出近似的图形，以帮助我们想象真正的图形，再配合正确的推理就够了。

第四条公理比较不一样，它好像是一个未证明的定理。事实上，它表达了直角的不变性或空间的齐性。它规范了直角，为第五公理铺路。

第五公理又叫平行公理，因为它等价于：在一平面内，过直线外一点，可作且只可作一直线与此直线平行。

### （三）统一美

所谓统一美，是指部分与部分、部分与整体之间的和谐一致。

统一美反映的是审美对象在形式或内容上的某种共同性、关联性或一致性，它能给人一种整体和谐的美感。数学对象的统一性通常表现为数学概念、规律、方法的统一，数学理论的统一，数学和其他科学的统一。

#### 1. 数学概念、规律、方法的统一

一切客观事物都是相互联系的，因而，作为反映客观事物的数学概念、数学定理、数学公式、数学法则也是互相联系的，在一定条件下可处于一个统一体之中。例如，运算、

变换、函数分别是代数、几何、分析这三个数学分支中的重要概念，在集合论中，便可统一于映射的概念。又如，代数中的算术平均几何平均定理、加权平均定理、幂平均定理、加权幂平均定理等著名不等式，都可以统一于一元凹、凸函数的琴生不等式。

在数学方法上，同样渗透着统一性的美。例如，从结构上分析，解析法、三角法、复数法、向量法和图解等具体方法，都可以统一于数形结合法。数学中的公理化方法，使零散的数学知识用逻辑的链条串联起来，形成完整的知识体系，在本质上体现了部分和整体之间的和谐统一。

2. 数学理论的统一

在数学发现的历史过程中，一直存在着分化和整体化两种趋势。数学理论的统一性主要表现在它的整体性趋势。欧几里得的《几何原本》，把一些空间性质简化为点、线、面、体几个抽象概念和五条公设及五条公理，并由此导出一套雅致的演绎理论体系，显示出高度的统一性。布尔基学派的《数学原本》，用结构的思想和语言重新整理各个数学分支，在本质上揭示了数学的内在联系，使之成为一个有机整体，在数学的高度统一性上给人以美的启迪。

3. 数学和其他科学的统一

数学和其他科学的相互渗透，导致了科学数学化。正如马克思所说，一门科学只有当它成功地运用数学时，才算达到了真正完善的地步。力学的数学化使牛顿建立了经典力学体系。物理学的数学化使物理学与数学趋于统一，建立在相对论和量子论两大基础理论上的物理学，其各个分支都离不开数学方法的应用，它们的理论表述也采用了数学的形式。化学的数学化加速了化学这门实验性很强的学科向理论科学和精确科学的过渡。生物学的数学化使生物学逐渐摆脱对生命过程进行现象描述的阶段，从定性研究转向定量研究，这个数学化的方向，必将同物理学、化学的数学化方向一样，把人类对生命世界的认识提高到一个崭新的水平。不仅自然科学普遍数学化，而且数学方法也进入了经济学、法学、人口学、人种学、史学、考古学、语言学、文学等社会科学领域，日益显示出它的效用。数学进入经济学领域最大的成就是 20 世纪出现的计量经济学。数学进入语言学领域，使语言学研究经历了统计语言学、代数语言学和算法语言学三个阶段。数学向文学的渗透，发现了数学的抽象推理和符号运算同文学的形象思维之间有着奇妙的联系。

在数学中有很多数学统一性的例子。例如，引入负数，有了相反数的概念之后，有理数的加法和减法得到统一，它们可以统一为代数和的形式。有了倒数的概念，除以一个不等于零的数等于乘以它的倒数，于是乘法与除法得到了统一。例如，平面几何中的相交弦定理、割线定理、切割线定理和切线长定理均可统一到圆幂定理之中。在体积计算中有所谓的“万能计算公式”，它能统一地应用于棱（圆）柱、棱（圆）锥及棱（圆）台的体积计算。

### （四）奇异美

人们提起数学的时候通常会说“奇妙的数学”，在数学的学习和解题中也有一些非常规的奇妙的解法等等。这些就是我们通常说的数学的奇异性。

奇异性是数学内涵美的又一基本内容。它是指所得的结果新颖奇特，出人意料。

一个事物十分工整对称、十分简洁或高度统一，都给人一种奇异感，一个新事物、新规律、新现象，总是使人们感到一种带有奇异的美感，令人产生一种惊奇的愉快。奇异性是数学美的一个重要特征，它反映了非常规现象的一个侧面，也是数学中发现的重要美学因素。数学领域中的一些新观念的产生，就是来自对奇异美的追求。毕达哥拉斯学派认为任何数量都可表示成整数或两个整数的比，而无理数的发现无疑是一个奇异的结果。它打破了原先的数的和谐性，从而导致了第一次数学危机。

奇异性常常和数学中的反例紧密相关，反例的产生则往往导致人们认识的深化和数学理论的重大发展。例如，人们以为一切函数都是连续的，连续性不被人们所注意，当有间断点的函数出现以至于著名的狄利克雷函数出现时，由于它在实数轴上处处着定义，但处处间断，这种奇异性的发现使人们对连续性的美妙之处看得更清楚了。同样，当魏尔斯特拉斯给出处处连续而处处不可微的函数时，人们对可微的概念有了更深刻的认识。

另外，四元数理论、突变理论、非欧几何等无不显示出数学的奇异美。

和谐与奇异是美的两个方面，微积分中具有和谐与奇异之美。微积分充满了和谐，如换元的和谐、通过取极限从近似过渡到精确的和谐、微元与积分的和谐、中值定理的和谐等等。同时微积分也充满了奇异性，如无穷的奇异、可积性的奇异、广义积分的奇异等。有时在微积分中和谐与奇异是相辅相成的，如连续的和谐与间断的奇异、近似的和谐与精确的奇异、曲线的和谐与以直代曲的奇异、可导的和谐与不可导的奇异。

神秘的东西都带有某种奇异色彩，使人产生幻想和揭示其奥妙的欲望。某些数学对象的本质在没有充分暴露之前，往往会使人产生神秘或不可思议感。比如，在历史上，虚数曾一度被看作是“幻想中的数”“介于存在和不存在之间的两栖生物”；无穷小量，曾长期被蒙上神秘的面纱，被英国大主教贝克莱称为“消失了量的鬼魂”；庞加莱把集合论比喻为“病态数学”，外尔则称康托尔关于基数的等级是“雾上之雾”；非欧几何在长达半个世纪的时间里被人称为“想象的几何”“虚拟的几何”等等。当然，当人们认识到这些数学对象的本质后，其神秘性也就自然消失了。

有趣的数学知识，不仅能让学生感受到不同的美，而且利用数学的奇妙性还能装扮人们的生活。比如，搞服装设计，如果运用了黄金分割的知识，就会感觉自己的设计很舒服。巴赫的音乐中充斥着数学的对称美，埃及的金字塔在建筑线条上凝聚了很多形象的数学。真可谓“哪里有数学，哪里就有美”。

# 第二节　数学思维的培养

本节简要分析了数学思维的重要性：有利于激发学生数学学习兴趣、有助于学生理解数学抽象概念；提出了数学思维培养学生思考能力的途径：师生互动课堂、数学思维品质、数学提问意识、情景课堂、逆向思维数学模式、分层练习设置，促进学生培养独立的思考能力，构建完善的数学知识体系，提高自身数学成绩，发展高中数学学习的良好状态。

高中数学是分化学生成绩的重要学科，严重影响着学生的未来职业规划方向，高中学生的数学素质良莠不齐，是由于学生的数学思维品质各不相同。高中数学学习过程中，对知识点的理解、应用与实践，均是培养数学思维的关键途径。而数学思维品质决定着学生的数学成绩，引导着学生的思考能力，对学生高中数学的学习具有基础作用。

## 一、数学思维的重要性

### （一）有利于激发数学学习兴趣

数学思维的养成，有利于激发学生的学习兴趣。兴趣是学生自觉求知的源动力，有助于提升学生的数学成绩，为数学学习奠定坚实基础。数学教师利用精粹的知识点，创设不同的课堂情境，设置奇妙的数学悬念，引导学生对数学学习充满好奇心，激发学生的数学学习求知欲，提高学生对数学学习重要性的认识，促进学生体会数学知识的趣味性。学生将数学知识应用于生活中，培养数学思维能力，提高对数学知识的理解能力。例如，课后“想一想”“读一读”等习题，学生利用实践数学知识，扩展自身的数学知识面，促进高中生数学思维养成，激发自身学习兴趣。

### （二）有助于理解数学抽象概念

高中数学摆脱了小学数学的基础性知识内容，提高了数学的逻辑性与抽象性，良好的数学思维，有助于增强学生理解数学抽象概念。数学不是一门记忆型学科，数学思维是学习数学知识的最佳途径。对数学概念、定理、公式等正确理解，科学开展数学推理、论证、运算，实现解题、解决生活问题的学习过程，是数学学科的价值定位。数学学习理念是以提高高中生数学成绩为目标，培养其数学思维为基础，引导学生进行数学知识观察分析，逐渐提高数学认知能力，培养学生的数学思维、逻辑思维、独立思考能力为最终落脚点。

## 二、数学思维培养学生思考能力的途径

### （一）师生互动教学

师生互动教学模式有利于激发学生的学习兴趣，培养学生的数学思维，增加学生独立思考的空间。课堂的活跃气氛是学生数学思维能力提升的最佳途径，师生互动课堂的活跃气氛能力是最好的。由教师发出数学提问，学生开展数学思维的拓展，培养自身逻辑思维的思考能力，达到具有数学浓厚学习气氛的课堂效果，提高自身数学思维，促进学生的数学成绩稳定提升。

例如，在△ ABC 中，∠ ABC=90°，以 AB 为直径的圆 O 交 AC 于点 E，点 D 是 BC 边的中点，连接 OD 交圆 O 于点 M，求证：DE 是圆 O 的切线。

解：连接 OE，由于 O 是 AB 的中点，D 是 BC 的中点，所以 ∠ A= ∠ BOD，∠ AEO= ∠ EOD 又 ∵ ∠ OAE= ∠ OEA，∴ ∠ BOD= ∠ EOD；在 △ EOD 与 BOD 中，OE=OB，所以，△ EOD ≌ △ BOD（SAS）；因此，∠ OED= ∠ OBD=90°，即 OE ⊥ ED；因为 E 是圆 O 上一点，所以，DE 是圆 O 的切线。学生解题过程中，利用不同方法，相同原理来解题，对空间几何进行多重转化，利用空间几何的多变性、立体性，锻炼自身学习思路，培养自身数学思维，促进学生独立思考能力的发展。

### （二）数学思维品质

在高中生养成数学思维基础上，增加数学课题训练，稳定提升数学思维品质，强化数学思维训练。例如，利用等边三角形的原理，从不同角度进行题目解答，从思维上和空间逻辑方向打开了自身对数学知识的学习逻辑，激发了自身数学思维能力，引起自身强烈的数学挑战心态。与此同时，配合数学习题训练，充分拓展自身的数学思维。利用大量的数学习题，强化自身的数学思维，有利于提升自身的数学思维品质，为日后数学学习奠定坚实基础。利用数学习题的资源，一方面培养自身数学思维的严密性、拓展性，另一方面培养自身数学思维的条理性、逻辑性，切实提升数学的思维品质，增强自身思考能力，全面提升数学成绩。

### （三）数学问题意识

数学理论、逻辑性的多样化，在教师的引导下，学生自主探究知识点的数学问题意识，是学生养成思维独特性的关键因素。其一，教师在课堂上设置问题教学，学生有目标地探索数学问题，来开拓自身的数学思维，提升自身的数学问题意识。其二，学生利用多重解题方法，辅助自身养成数学思维，如等腰梯形的求解题目。设计具有探索性的疑问，总结经常犯错的问题，参考正确的解题思路答案，培养自身质疑意识，锻炼自身自主学习能力，促进自身的数学问题意识具有多元化，培养自身数学思维更具逻辑性、紧密性。其三，学

生应把数学问题意识应用到生活中，将生活实物化作数学概念，以探索数学问题的角度来解决生活问题，提高高中生的生活技能，培养自身的思考能力，发挥数学学科价值。

### （四）情境课堂

数学是各年级学习中的重点学科，其学科价值不可限量。数学学习过程中，学生为了提高自身学习意识，展开情境学习模式或者课余时间展开数学知识探讨，来激发自身对数学的学习兴趣，提高自身对数学学习的重视，培养自身的数学思维，增强自身的思考能力。比如，在数学教材中圆柱的知识点学习过程中，开篇第一节为了增加对圆柱的理解，学生自主画圆柱；画圆柱过程中，促进自身对圆柱、圆台、棱柱等基本概念有最初的认识。利用学生自主画圆，自主探索数学知识的过程，来培养学生的数学思维，增强学生数学思考能力。

学生在学习完空间几何体表面积的知识点，自主进入情景模式。比如，在刚刚画圆的位置上，建立一条直线，增加圆的稳定性；如果家里的镜子碎了，利用圆的原理如何修补镜子；利用数学知识的一次函数，选取生活元素，举生活中具有圆定义的实物等，对发散性思维的题目进行充分探讨与思考，培养自身数学思维，提高自身思考能力。

### （五）逆向思维数学问题

逆向思维学习方法，有利于学生提高数学思维的逻辑性。逆向思维学习方法，是从数学结果入手，来检验数学条件的准确性，利用逆向思维验证数学知识的科学性与逻辑性。例如，圆与三角形案例，在△ ABC 中，∠ ABC=90°，以 AB 为直径的圆 O 交 AC 于点 E，DE 是圆 O 的切线，连接 OD 交圆 O 于点 M，求证：点 D 是 BC 边的中点。解：连接 OE，∵ DE、DB 为圆 O 的切线，∴ DE=DB，∵三角形 BEC 是直角三角形，∴ DB=DE=DC，即 D 是 BC 的中点。利用相同题目的不同角度、相同原理不同视角、相同图形的不同思维方向，来培养学生的逆向思维，强化其数学思维，锻炼其思考能力。

### （六）分层练习模式

分层练习模式，学生自主寻找课题展开训练，有利于不同基础的学生对数学知识展开同样强度的思维训练，有利于提升自身数学成绩。比如，基础较差的学生分为 A 组，学生自发练习基础类课题；基础适中的学生分为 B 组，学生自发练习难度适中的典型题目；成为较为优异的学生分为 C 组，学生自发练习竞技类数学题目，来强化自身数学思维，培养自身思考能力。分层练习占据总体数学作业的 1/3，其余为集体数学作业，来增强自身的数学知识掌握能力，减少分层练习的数学难度停滞不前问题，发挥分层练习的学习价值，使之成为减少数学分化等级的有效路径，全面提升自身的数学思维，锻炼自身的思考能力。

### （七）民主学习方式

第一，民主学习方式的根本需求。高中生数学思维发展受到阻碍的根本原因在于：肤浅意识与消极态度。其中的肤浅意识来自学生对数学概念与原理的发展背景、理论基础等方面的学习较为肤浅，记忆公式来解决数学问题，谋求高考数学成绩的肤浅学习方式，导致学生的数学思维发展受到制约；而消极态度指的是学生对数学中某些定论深信不疑，束缚着自身数学思维发展，难以从新的角度开发数学思维来解决数学问题，缺少数学思维的开发性、灵活性，逐渐形成具有一定歪曲的数学思维，造成高考数学成绩不理想。因此，高中学生应培养正确的数学学习习惯，充分利用数学学科的逻辑性与社会应用性，遵从其民主特质，采取相适宜的学习模式。

第二，民主学习方式的具体措施。学生自发形成数学学习讨论小组，将书中数学知识分为两个阵营：“较难理解”与“容易理解”。高中学生在学习函数的奇偶性知识点时，知识点难易程度一般，划为“容易理解”阵营，但是知识点中存在定义域概念，是数学解题错误的集中点。案例：判断函数 $y=x$，在区间 $[-4，2a]$ 内的奇偶性。肤浅的解题方法为：由于 $f(-x)=-f(x)$，所以 $f(x)$ 为奇函数。在这个解题过程中，忽略了区间的概念意义，由于学生利用肤浅的公式概念解题，影响了其对数学问题的正常解题思维。因此，民主学习方式应减少数学公式的记忆性学习，开发学生以数学思维为出发点，以解决数学问题为基础，逐渐培养自身的数学思维，来提高数学成绩。此题的正确解法为：只有在 $a=2$ 时，定义域关于原点对称，判断目标函数为奇函数。

第三，民主学习的表现方式。学生在日常数学学习过程中，应摒弃记忆公式的机械学习方法，数学知识学习采取多元化、多角度的自主探索模式。例如，利用互联网查询相关数学资源、理论与实践互相验证等方式，来促进自身对数学知识的理解，培养自身数学思维的灵活性，锻炼数学思维的迅捷能力，提升自身数学意识，来增强自身解决数学题目的能力。科学采用民主学习方式，实现高考数学科目取得优异成绩。

综上所述，数学知识有利于培养学生的数学思维，激发自身数学问题意识，增强其思考能力，促进高中生的数学学习上升到新的台阶。数学学习过程中，师生互动、情境课堂、分层练习、逆向思维学习模式，有利于针对性地展开数学学习，促进学生数学思维的逐步养成，减少数学学科产生的成绩分化现象，有利于提高整体学生的数学成绩。

## 第三节　大学数学教学过程中渗透数学文化的案例分析

数学文化有着丰富的内涵，基于数学文化的普遍定义，综合学者的研究成果，数学文化除了传统数学的内容，即作为科学的数学内容外还包括作为文化层面的数学，概括起来主要有数学史、数学的价值观、数学的知识体系、数学思想方法、数学与其他学科的交叉与融合等等。学者都认为数学文化是人类文化的一部分，不仅具有文化价值而且具有育人功能，恰当好处地将数学文化渗透在数学教学中可以使学生在学习原有数学知识的同时开阔视野、增加学习趣味性、提高数学文化素养、提升学习积极性，使课堂教学更加高效，所以数学文化教育对大学数学教育有着重要的意义和作用。下面通过几个案例说明数学文化渗透大学数学课堂教学的方法和途径。

## 一、教学内容的引入注重知识背景的阐述，揭示知识的发展历程

案例一：微积分发展史融入微积分教学

微积分的理论体系严谨而循序渐进、步步深入、环环相扣，而其发展史却曲折艰辛，数学的发展史中是先有微积分，再有极限理论。倘若学生打开课本就直接正式接触成熟的理论使得对这门课程认识模糊，则不清楚为什么要学这门课程，这门课程是为解决什么核心问题而产生，更不知道这门课程如何发展起来的。这有悖于学习的认知规律，所以在微积分学习之前，介绍微积分的发展史有利于学生总体上对这门课程有一个初步的理解和认识，从心理上接受并愿意探究这门课程。

数学的发展源于社会环境的力量，16 世纪下半叶，欧洲文艺复兴使得科学技术迅猛发展，生产力空前提高，航海、工商业和工程建筑设计都发达起来，研究物体的运动和变化成为迫切需要研究的课题，概括起来形成了四个核心问题：瞬时速度问题、曲线的切线、函数极值问题、求积问题（曲线长度、图形面积等）。前三个问题的解决导致微分学的产生，第四个问题的解决导致积分学的产生。17 世纪十多位数学家为微积分的创立做了开创性的研究，解决了许多本来认为束手无策的难题，其中核心人物牛顿和莱布尼茨以无穷小概念为基础试图建立微积分理论，但是由于对无穷小认识不清导致了很多悖论引发第二次数学危机。虽然微积分理论不严密，但从 17 世纪末到 19 世纪初，微积分理论依然被广泛而有效地应用于物理、天文等领域，并取得了丰硕的成果。后来经过两百多年众多数学家的努力，直到 19 世纪初，法国数学家柯西建立了严格的极限理论，后来德国数学家魏尔斯特拉斯等加以完善，从而形成了严密的实数理论，由此微积分理论的严密性无懈可击。

在学习的过程中可以布置学生课外拓展阅读数学史上著名的三次危机，了解危机的产生、发展、解决；查阅了解牛顿、莱布尼兹等数学家的生平事迹，学习他们的思维方法、数学精神等。

## 二、挖掘教学内容背后的文化素材

案例二：数列极限的概念学习中利用数学文化素材

数列极限概念的学习是一个由浅入深的过程，为了给学生以直观的认识和深刻的体

会，可以介绍我国古代数学家刘徽在《九章算术注》中利用圆内接正多边形计算圆面积的方法——割圆术：“割之弥细，所失弥少，割之又割，以至于不可割，则与圆周合体而无所失矣。”将割圆术的方法通过动画演示显现，借助多媒体让学生直观感受内接正多边形面积逐步逼近圆面积的过程，引导学生体会从有限分割到无限接近的思想飞跃，进而引入数列极限概念。

同样，还可以借助我国古代的“截杖问题”引入极限。

极限概念形成后，教师可以启示学生极限思想在实际中的应用，利用极限思想考虑某些数学问题往往会有豁然开朗的思路。如被数学教育家 G. 波利亚称为“由来已久的难题”的问题：两人坐在方桌旁，相继轮流往桌面上平放一枚同样大小的硬币。当最后桌面上只剩下一个位置时，谁放下最后一枚，谁就算胜了。设两人都是高手，问先放者胜还是后放者胜？ G. 波利亚的巧妙解法是“一猜二证”：猜想（把问题极端化）如果桌面小到只能放下一枚硬币，那么先放者必胜。证明（利用对称性）由于方桌有对称中心，先放者可将第一枚硬币占据桌面中心，以后每次都将硬币放在对方所放硬币关于桌面中心对称的位置，先放者必胜。从波利亚的精巧解法中，我们可以看到，他是利用极限的思想考察问题的极端状态，探索出解题方向或转化途径。

课后可以让学生进一步利用数列极限思想查阅 Koch 雪花曲线试着求其周长面积、Sierpinski 三角形的形成等，进而延伸了解有关分形图的有关知识，体味数学的图形美。

## 三、引导学生学会欣赏数学之美

案例三：泰勒级数的学习中融入最美的数学等式——欧拉公式

在微积分的发展历程中，将复杂函数展开成泰勒级数具有重要意义，这一节内容学习完毕后，我们可以应用所学的知识将函数 $e^{ix}$，$\sin x$，$\cos x$ 用麦克劳林级数公式展开得到著名的欧拉公式 $e^{ix}=\sin x+i\cos x$，令 $x=\pi$ 可得 $e^{i\pi}+1=0$，此公式曾获得“最美的数学等式”称号，它的令人惊叹之处在于将数学里最重要的几个数字联系到了一起：两个超越数——自然对数的底 $e$ 和圆周率 $\pi$，两个单位——虚数单位 $i$ 和自然数单位 1，以及被称为人类伟大发现之一的 0。此公式将这几个看似毫无关系的数字如此自然而巧妙地写成一个如此简单的式子，堪称“天作之合”，还有人理解 0，1 代表算术、$e$ 代表分析学、$\pi$ 代表几何、$i$ 代表代数，一个公式将四个数学分支联系在一起，冥冥之中早已存在于宇宙中！因此数学家评价它为“上帝创造的公式”，这充分体现了数学的统一美，使人为之深深地震撼！

凡是数学中奇妙的有规律的让人愉悦的美的东西，我们都可以称之为数学美，它是自然美中的一部分，是科学美学的核心，数学之美还有很多种，如图形之美、语言之美、符号之美、结果之美、解题方法之美等等，这些美是含蓄而深邃的，需要一定的功底才可以被发掘的，所以教师在讲课过程中要善于引导学生学会欣赏数学之美，一旦学生理解体会到了这些美，才会被数学深深吸引，才会有兴趣有热情去探索数学。

## 四、学习过程中增加数学典故，激发学生学习兴趣，开阔视野

案例四：无穷大的理论学习中讲解有限与无限的有关典故

无穷大是一种特殊形式的极限，学习了极限的概念后便可以从形式上给出无穷大的定义，但是如何让学生深刻的理解无穷大，还需要教师多做一些设计，不妨讲讲与无穷大相关的典故，打打比方帮助学生理解无穷大的本质。

例如，《西游记》中，孙悟空一个筋斗翻十万八千里，可是他却依然翻不出如来佛的手掌心。这里孙悟空不管筋斗翻得多远，始终是个有限数，而如来佛法力无边不妨将他的手掌看成无穷大，孙悟空每翻一个筋斗眼看要逃出如来佛手心的时候，如来佛的手又变大一点，再翻一个再大一点……如此一来永远也逃不出去！于是无穷大可以理解为要它有多大它就有多大，无穷大是个变量！

再如希尔伯特的旅馆：说是数学家希尔伯特开了一个空间旅馆，旅馆有无穷多个房间，每个房间都住了一个客人，这时又来了 k 个客人，依然要求每人住一间房，如何安排？又来了一个团，有无穷多个客人，该怎样安排？又来了无穷多个团，每个团都有无穷多个客人，又该如何安排？通过分析答案发现无论来多少个客人，这个奇特的旅馆始终能装下，就是说无穷大中含有无穷个无穷大！

这对学生深刻理解无穷的含义和本质，领悟数学的奇妙和魅力有很好地促进，课后还可以进一步要求学生收集资料找出有限与无限的区别与联系，布置学生看《从一到无穷大》《奇妙的无穷》等拓展数学文化的书籍。

## 五、在数学的学习中体会哲学的思想

案例五：数项级数学习中插入“飞矢不动”悖论

无穷多项相加到底有没有和，这便是级数要解决的问题，对这个知识的学习不妨介绍一下“飞矢不动”悖论。公元前 5 世纪，以诡辩著称的古希腊哲学家芝诺（Zeno）用他的无穷、连续以及部分和的知识，引发出一系列关于运动不可分性的哲学的悖论，人们通常称之为芝诺悖论。“飞矢不动”悖论是其中之一。从数学的观点来分析这个悖论，射出去的箭“动”是显然的，“静”可以理解为将箭走过的位移分成无穷多份，每份都是无穷小，箭在每一个瞬间都有一个固定的位置，或者说每一个瞬间基本是没有位移的，这就产生了悖论。通过对悖论的破解引导学生体会时间的连续性，量变引起质变等哲学思想。

关于无穷多项相加在数学的历史中还有过不少悖论，如阿基里斯追不上乌龟悖论等，学习了数项级数后可以让学生查阅书籍收集这方面的悖论，并用学过的知识逐一破解。通过这种方式加深对知识的理解，激发学生学习兴趣，体会哲学思想。

## 六、注重理论联系实际，在应用中传承数学文化

案例六：离散型随机变量数学期望的实际应用

设离散型随机变量 $X$ 的分布律为：随机变量 $X$ 取值 $x_k$ 时的概率为 $p_k$，$k$ 可取 1，2，…，等等。若级数 $\sum_{k=1}^{\infty} x_k p_k$ 绝对收敛，我们称这个级数的和为随机变量 $X$ 的数学期望，简称期望，记为 $E(X)$。

保险金问题：交强险是汽车保险中必买的险种，假设每次事故财产损失平均赔付 500 元，人员伤亡平均赔付 3 万元，某型家庭自用车，每年缴纳交强险金额为 950 元。据统计数据分析，该型车一年内发生交通事故导致财产损失和人员伤亡的概率为分别 0.2958 和 0.0182。问：一辆该型车，保险公司年平均收益为多少呢？

设保险公司年收益为 $X$，首先写出 $X$ 的分布律：根据题目给出的条件，当发生交通事故以 0.2958 的概率导致财产损失时，保险公司需赔偿 500 元，投保人缴纳了 950 元的保费，所以保险公司的收益为 950−500=450 元；当发生交通事故以 0.0182 的概率导致人员伤亡时，保险公司需赔偿 3 万元，950 元的保费减去 3 万元为负 29050 元，若车辆没有任何损失时，这 950 元的保费就为保险公司的纯盈利，概率为 0.6860。所以 $X$ 的分布律如下：

| $X$ | 450 | −29050 | 950 |
|---|---|---|---|
| $p_k$ | 0.2958 | 0.0182 | 0.6860 |
| $E(X)=450\times0.2958+(-29050)\times0.0182+950\times0.6860=256.1$（元） | | | |

思考：对于受害者来说，若遭遇重大的损失和伤亡，这 500 元及 3 万元的赔偿金无疑是杯水车薪，所以，投保人希望能提高赔偿金（设 $m$ 为财产损失平均赔偿金，$n$ 为人员伤亡平均赔偿金），同时又想少交一点保险费（设为 $s$），而保险公司当然是想多收点保险费少赔一点钱，如何处理这种矛盾呢？即当 $m,n,s$ 满足什么关系式，保险公司才能盈利呢？

$X$ 的分布律如下：

| $X$ | s — m | n — m | s |
|---|---|---|---|
| $p_k$ | 0.2958 | 0.0182 | 0.6860 |

则要求 $E(X)=(s-m)\times0.2958+(s-n)\times0.0182+s\times0.6860>0$

从而 $s>0.2958m+0.0182n$。保险公司要保证盈利，就可以根据这个关系式收取交强险保费和制定赔偿标准。

# 参考文献

[1] 鲍红梅，徐新丽 . 数学文化研究与大学数学教学 [M]. 苏州：苏州大学出版社，2015.

[2] 曹玉平 . 如何在小学数学课堂教学中渗透数学文化 [J]. 中国校外教育，2016（4）.

[3] 董毅 . 数学思想与数学文化 [M]. 合肥：安徽大学出版社，2012.

[4] 冯飞 . 数学文化在小学数学教学中的渗透研究：基于锦州市某小学的调查 [D]. 锦州：渤海大学，2014.

[5] 顾泠沅，张维忠 . 数学教育中的数学文化 [M]. 上海：上海教育出版社，2011.

[6] 顾亚龙 . 以文化人 小学数学文化的育人视界 小学数学教师新探索 [M]. 上海：上海教育出版社，2014.

[7] 韩翠萍 . 小学数学教学中文化渗透的探索 [J] 教育理论与实践，2017（35）.

[8] 华应龙 . 我不只是数学 [M].2018 年 2 月第 1 版 . 北京：中国人民大学出版社，2018.

[9] 黄秦安，曹一鸣 . 数学教育原理 哲学、文化与社会的视角 [M]. 北京：北京师范大学出版社，2010.

[10] 季红 . 如何在小学数学课堂教学中渗透数学文化 [J]. 数学教学通讯，2018（25）.

[11] 李秉福 . 高中数学教学中数学文化的渗透研究 [M]. 长春：吉林人民出版社，2020.

[12] 蔺云，朱华 . 数学文化研究综述 [J]. 嘉应学院学报，2005（5）.

[13] 陆有山 . 数学文化进课堂：以苏教版为例谈小学数学的文化融合 [J]. 小学生，2018（4）.

[14] 罗伟 . 数学文化在小学数学课堂教学中的实践探索 [J]. 数学大世界，2018（4）.

[15] 罗长青，李仁杰 . 数学文化 [M]. 重庆：重庆大学出版社，2010.

[16] 马虹宁 . 小学数学文化教育的认识与实践 [D]. 成都： 四川师范大学，2014.

[17] 齐民友 . 数学与文化 [M]. 大连：大连理工大学出版社，2008.

[18] 尚强，胡炳生，季志焯 . 数学文化与文化数学 [M]. 上海：上海教育出版社，2012.

[19] 王汝发，张彩红 . 数学文化与数学教育 [M]. 北京：中国科学技术出版社，2009.

[20] 王宪昌，刘鹏飞，耿鑫彪 . 数学文化概论 [M]. 北京：科学出版社，2010.

[21] 王永春 . 小学数学思想方法解读及教学案例 [M]. 上海：华东师范大学出版社，

2017.

[22] 吴瑕 . 数学文化在小学数学课堂教学中的渗透分析 [J]. 当代教研论丛，2019，63（3）：83.

[23] 项晶菁 . 数学文化选粹 [M]. 西安：西北大学出版社，2015.

[24] 谢锦辉 . 数学文化与高中数学学习 [M]. 广州：广东高等教育出版社，2017.

[25] 邢妍 . 数学文化的应用与实践 [M]. 成都：西南交通大学出版社，2010.

[26] 幸克坚 . 数学文化与基础教育课程改革 [M]. 重庆：西南师范大学出版社，2006.

[27] 徐菁 . 数学文化在小学数学课堂教学中的渗透 [J]. 西部素质教育，2018（20）.

[28] 徐文彬 . 试论数学文化视域中的数学学习 [J]. 数学教 育学报，2013（1）.

[29] 徐文彬 . 小学数学教学方法 [M].2017 年 9 月第 1 版 . 北 京：教育科学出版社，2017.

[30] 杨叔子 . 数学很重要 文化很重要 数学文化也很重要：打造文理交融的数学文化课程 [J]. 数学教育 学报，2014（4）.

[31] 姚一玲，蔡金法 . 美国小学问题解决教学案例分析及启示 [J]. 小学数学教师，2016（11）.

[32] 易南轩，王芝平 . 多元视角下的数学文化 [M]. 北京：科学出版社，2007.

[33] 张峰，靳燕鹏 . 数学文化在小学数学课堂中的渗透：以负数的认识为例 [J]. 菏泽学院学报，2017（5）.

[34] 张知学 . 数学文化 [M]. 石家庄：河北教育出版社，2010.

[35] 郑隆炘 . 数学方法论与数学文化专题探析 [M]. 武汉：华中科技大学出版社，2013.

[36] 朱汉林 . 数学文化 [M]. 苏州：苏州大学出版社，2002.

[37] 朱焕桃 . 数学文化融入高职数学教学的研究与实践 [M]. 北京：中国纺织出版社，2019.

[38] 邹庭荣 . 数学文化欣赏 [M]. 武汉：武汉大学出版社，2007.